软件工程技术丛书

软件测试的艺术

（原书第3版）

The Art of Software Testing (Third Edition)

（美）Glenford J. Myers Tom Badgett Corey Sandler 著 张晓明 黄琳 译

机械工业出版社
CHINA MACHINE PRESS

本书从第1版付梓到现在已经30余年，是软件测试领域的经典著作。本书结构清晰、讲解生动活泼，简明扼要地展示了久经考验的软件测试方法和智慧。

本书以一次自评价测试开篇，从软件测试的心理学和经济学入手，探讨了代码检查、走查与评审、测试用例的设计、模块（单元）测试、系统测试、调试等主题，以及极限测试、互联网应用测试等高级主题，全面展现了作者的软件测试思想。第3版在前两版的基础上，结合软件测试的最新发展进行了更新，覆盖了可用性测试、移动应用测试以及敏捷开发测试等内容。

本书适合软件开发人员、IT项目经理等相关读者阅读，还可以作为高等院校计算机相关专业软件测试课程的教材或参考书。

北京市版权局著作权合同登记　图字：01-2011-7872号。

图书在版编目（CIP）数据

软件测试的艺术（原书第3版）/（美）梅耶（Myers, G. J.）等著；张晓明，黄琳译．—北京：机械工业出版社，2012.3（2026.2重印）

（软件工程技术丛书）

书名原文：The Art of Software Testing, Third Edition

ISBN 978-7-111-37660-6

Ⅰ. 软…　Ⅱ. ①梅…　②张…　③黄…　Ⅲ. 软件测试　Ⅳ. TP311.5

中国版本图书馆CIP数据核字（2012）第040000号

机械工业出版社（北京市西城区百万庄大街22号　邮政编码　100037）

责任编辑：吴　怡

河北虎彩印刷有限公司印刷

2026年2月第1版第30次印刷

170mm × 242mm · 12.75印张

标准书号：ISBN 978-7-111-37660-6

定价：59.00元

客服电话：（010）88361066　68326294

译者序

《软件测试的艺术》（下简称《艺术》）作为元老级的测试书在国内可能没那么出名，但它的确非常经典且很有口碑，书中所提出的“软件测试为求错而非求证”的观点至今仍在学术界被广泛争议与讨论。随着软件测试的重要性越来越受到现代软件企业的重视，这本书就好像尘封已久的宝藏被人们挖掘出来并受到追捧。与此同时，也正是因为测试市场的需求激增，书店里的测试书籍也似乎是“忽如一夜春风来，千树万树梨花开”了。

我和《艺术》的第一次接触并不是在书店里发现了它，而是因为我阅读的一个习惯。我喜欢在阅读之前先看参考文献部分，也由此发现国内的很多软件测试书籍都把《艺术》作为首要的参考书目，这让我不得不对该书刮目相看，现在我终于明白了，原来《艺术》一书就是现在各种测试书籍参考的源头之一。以我个人的观点，今天书店里的软件测试理论书籍（注意我是指理论方面）已经饱和甚至是富营养化，如果你打算系统地学习软件测试理论知识，我不敢向你保证这本书是最全面最详细的，但是绝对是恰到好处的，它精悍凝练的篇幅可以让你在最短时间内获得关于软件测试的真知灼见。

对于那些已经成为测试工程师甚至是高级测试工程师的人来说，本书同样值得一读，书中的很多内容读起来仿佛醍醐灌顶，本书所涵盖的测试知识经过千锤百炼和时间的考验，而把这些理论知识结合你的测试经验，能系统化并巩固加深你对测试这门学科的理解，而这种对软件测试技术系统的、深刻的理解，将使你在今后的工作以及事业中受益匪浅。

因此，作为一名测试工程师，我对读者的建议是，初学者可将本书作为入门书；而有经验者更应该将本书作为理论指南，花点时间翻阅一下，梳理自己的经验和知识；本书对开发人员也相当有用，可以让你在最短的时间内建立起对测试的框架认知，从而在编码的过程中能够在脑海里多一些测试的思想，十分有益，当然有些测试类型本身就需要开发者参与，比如本书所介绍的极限编程与测试，开发者需要编写单元测试用例。对于测试管理者而言，本书的重要性不言而喻，本书内容非常精炼，将有助于你根据项目情况制定更合理、更有效的测试计划。

作为本书第3版的译者，我十分有幸能够接到这样的经典书籍翻译任务，而且还是本人的处女译，心中的忐忑自不必多说，只希望我的翻译能够不辱原著的经典，更能够得到读者的认可。

此次第3版相对于之前的第2版增加了全新的两章（第7章和第11章），由此使得本书包含了当下最新的测试分类和技术。除了第9章的改动增补较大外，其他的章节基本是略有改动。

在翻译过程中，我尽量保证在准确翻译原文的基础上增加了一些个人的见解，通常以译者注的形式给出，我相信这些注释有助于国内的读者理解和消化书中内容；也有一些地方做了勘误。有时候直译的效果并不那么好，我也会尝试一些意译，比如在11.4节，作者强调了移动应用必然越来越火这一现象和趋势，我便借用著名诗歌《见与不见》来意译：

你用，或者不用

移动应用就在那里

……

因为是站在巨人的肩膀上（前两版译文）进行翻译，所以我必须感谢前两版的翻译人员，这使得我此次翻译的精力主要聚焦在新增的两章以及改动较大的章节上。同时要感谢黄琳为我的原始译稿所做的详尽审稿和勘误工作，这也是我们之间的二度合作。

最后请大家注意书名中的“艺术”二字，这暗示本书并不是那么晦涩难懂或写得很深奥，我觉得即使你没多少计算机基础知识，只要用过电脑软件，本书的很多章节读起来应该都不会太吃力。我希望有越来越多各行各业的人们加入测试的世界，从本书第7章的可用性测试我们看到，测试需要领域内经验，如果某公司针对音乐爱好者推出了一款混音软件，他们肯定会想，要是能够把周杰伦请来做首席用户体验师该有多好。总之，测试，这是个相比较开发来讲门槛不算太高的职业（当然要做到精深未必容易，甚至难度还要高），而且收入还算不错，在这里与各位读者共勉了。

张晓明

2012年2月6日

序　言

1979年，Glenford J. Myers出版了一本现在仍被证明为经典的著作，这就是本书第1版。本书经受住了时间的考验，25年来一直列在出版商提供的书目清单中。这个事实本身就是对本书可靠、精粹和珍贵品质的佐证。

在同一时期，本书第3版的几位合著者共出版了200余本著作，大多数都是关于计算机软件的。其中有一些很畅销，再版了多次（例如Corey Sandler的《Fix Your Own PC》自付梓以来已出版到第8版，Tom Badgett关于微软PowerPoint及其他Office组件的著作已经出版到第4版）。然而，那些作者的著作中没有哪一本书能够像本书一样持续数年之后仍畅销不衰。

区别究竟在哪里呢？那些新书只涵盖了短期性的主题：操作系统、应用软件、安全性、通信技术及硬件配置。20世纪80年代和90年代以来的计算机硬件与软件技术的飞速发展，必然使得这些主题频繁变动和更新。

在此期间出版的有关软件测试的书籍已数以百计，这些书也对软件测试的主题进行了简要的探讨。然而，本书为计算机界一个最为重要的主题提供了长期、基本的指南：如何确保所开发的所有软件做了其应该做的，并且同样重要的是，未做其不应该做的？

本书第3版中保留了同样的基本思想。我们更新了其中的例子以包含更为现代的编程语言。我们还研究了在Myers编著本书第1版时尚无人了解的主题：Web编程、电子商务、极限编程与测试及移动应用测试。

但是，我们永远不会忘记，新的版本必须遵从其原著，因此，新版本依然向读者展示Glenford Myers全部的软件测试思想，这个思想体系以及过程将适用于当今乃至未来的软件和硬件平台。我们也希望本书能够顺应时代，适用于当今的软件设计人员和开发人员掌握最新的软件测试思想及技术。

前　言

在本书1979年第1版出版的时候，有一条著名的经验，即在一个典型的编程项目中，软件测试或系统测试大约占用50%的项目时间和超过50%的总成本。

30多年后的今天，同样的经验仍然成立。现在出现了新的开发系统、具有内置工具的语言以及习惯于快速开发大量软件的程序员。但是，在任何软件开发项目中，测试依然扮演着重要角色。

在这些事实面前，读者可能会以为软件测试发展到现在不断完善，已经成为一门精确的学科。然而实际情况并非如此。事实上，与软件开发的任何其他方面相比，人们对软件测试仍然知之甚少。而且，软件测试并非热门课题，本书首次出版时是这样，遗憾的是，今天仍然如此。现在有很多关于软件测试的书籍和论文，这意味着，至少与本书首次出版时相比，人们对软件测试这个主题有了更多的了解。但是，测试依然是软件开发中的“黑色艺术”。

这就有了更充足的理由来修订这本关于软件测试艺术的书，同时我们还有其他一些动机。在不同的时期，我们都听到一些教授和助教说：“我们的学生毕业后进入了计算机界，却丝毫不了解软件测试的基本知识，而且在课堂上向学生介绍如何测试或调试其程序时，我们也很少有建议可提供。”

因此，本书再版的目的与前两版一样：填充专业程序员和计算机科学学生的知识空缺。正如书名所蕴涵的，本书是对测试主题的实践探讨，而不是理论研究，还包括对新的语言和过程的探讨。尽管可以根据理论的脉络来讨论软件测试，但本书旨在成为实用且“脚踏实地”的手册。因此，很多与软件测试有关的主题，如程序正确性的数学证明都被有意地排除在外了。

第1章介绍了一个供自我评价的测试，每位读者在继续阅读之前都须进行测试。它揭示出我们必须了解的有关软件测试的最为重要的实用信息，即一系列心理和经济学问题，这些问题在第2章中进行了详细讨论。第3章探讨的是不依赖计算机的代码走查或代码检查的重要概念。不同于大多数研究都将注意力集中在概念的过程和管理方面，第3章则是从技术上“如何发现错误”的角度来进行探讨。

读者可能会意识到，在软件测试人员的技巧中最为重要的部分是掌握如何编写有效测试用例的知识，这正是第4章的主题。第5章探讨了如何测试单个模块或子例程，第6章讲述了如何测试更大的对象。第7章围绕用户体验或可用性测试这一重要的软件测试概念进行阐述，在更复杂且拥有更广大用户量的软件不断涌现的今天，可用性测试变得越来越重要。第8章介绍了一些程序调试的实用建议，第9章着重研究了极限编程及其测试（一种在今天称为敏捷开发环境中的编程和测试方法）。第10章介绍如何将本书所涵盖的软件测试知识运用到Web开发中，包括电子商务系统以及社交网络[⊖]的开发。第11章描述了如何测试移动设备上的应用。

本书主要面向三类读者。第一类是专业的程序员。尽管我们希望本书的内容对于他们来说不是全新的知识，但本书能使专业程序员对测试技术增强了解。如果这些材料能使软件开发人员在某个程序中多发现了一个错误，那么本书创造的价值将远远超过书价本身。

第二类读者是项目经理，他们将会直接受益于本书所介绍的实用的测试管理理论与知识。第三类读者是软件或计算机专业的学生，我们的目的在于向学生展示程序测试的问题，并提供一系列有效的技术。对于最后一类读者群，我们建议本书作为程序设计课程的补充教材，使学生在学习阶段的早期就接触到软件测试的内容。

Glenford J. Myers

Tom Badgett

Todd M. Thomas

Corey Sandler

⊖ 具有高度的和用户交互性质的Web应用，也即是所谓的Web 2.0。——译者注

目　录

第 1 章
Chapter 1

一次自评价测试

自本书30年前首次出版以来，软件测试变得比以前容易得多，也困难得多。

软件测试何以变得更困难？原因在于大量的编程语言、操作系统以及硬件平台的涌现。在20世纪70年代只有相当少的人使用计算机，而在今天几乎人人离不开计算机。而今天计算机不仅仅是指摆在你书桌上的计算机了，几乎所有我们所接触和使用的电子设备都内置了一个“计算机”或者计算芯片，以及运行在其上的软件系统。不妨回想一下在今天的社会中还在使用哪些不需要软件驱动的设备，没错，锤子和手推车是，但是这些工具也大量使用在由软件控制和操作的车间中。软件的普遍应用提升了测试的意义。今天的设备已经千百倍强于它们的“前辈”，今天的“计算机”这个概念也变得越来越广泛和越来越难准确地定义。数字电视、电话、游戏产品、汽车等都有一颗计算机的“心”以及运行其中的软件，以至于在某些情况下它们自己本身也能够被看做是一台特别的计算机。

因此，现在的软件会潜在地影响到数以百万计的人，使他们更高效地完成工作，反之也会给他们带来数不清的麻烦，导致工作或事业的损失。这并不是说今天的软件比本书第1版发行时更重要，但可以肯定地说，今天的计算机（以及驱动它的软件）无疑已影响到了更多的人、更多的行业。

就某些方面而言，软件测试变得更容易了，因为大量的软件和操作系统比以往更加复杂，内部提供了很多已充分测试过的例程供应用程序集成，无须程序员从头进行设计。例如，图形用户界面（GUI）可以从开发语言的类库中建立起来，同时，由于它们是经过充分调试和测试的预编程对象，将其作为自定义应用程序的组成部分进行测试的要求就减少了许多。

另外，尽管市场上的测试书籍越来越多，甚至有过剩之嫌，似乎依旧有很多开发人员对全面的测试并不那么欢迎。引入更优秀的开发工具、使用已经通过测试的GUI（图形界面控件）控件、紧张的交付日期以及高度集成的便利开发环境会让测试变得仅仅是让那些最基本的测试用例走走过场罢了。影响不大的bug也许只不过会让最终用户觉得使用不方便而已，然而严重的bug则可能造成经济损失甚至是人身伤害。本书所阐述的方法旨在帮助设计人员、开发工程师以及项目经理更好地理解全面综合测试的意义所在，并提供行之有效的指南以帮助达成测试的目标。

所谓软件测试，就是一个过程或一系列过程，用来确认计算机代码完成了其应该完成的功能，不执行其不该有的操作。软件应当是可预测且稳定的，不会给用户带来意外惊奇。在本书中，我们将讨论多种方法来达到这个目标。

好了，在开始阅读本书之前，我们想让读者做一个小测验。我们要求设计一组测试用例（特定的数据集合），适当地测试一个相当简单的程序。为此要为该程序建立一组测试数据，程序须对数据进行正确处理以证明自身的成功。下面是对该程序的描述：

> 这个程序从一个输入对话框中读取三个整数值，这三个整数值代表了三角形三条边的长度。程序显示提示信息，指出该三角形是何种三角形：不规则三角形、等腰三角形还是等边三角形。

注意，所谓不规则三角形是指三角形中任意两条边不相等，等腰三角形是指有两条边相等，而等边三角形则是指三条边相等。另外，等腰三角形等边的对角也相等（即任意三角形等边的对角也相等），等边三角形的所有内角都相等。

用你的测试用例集回答下列问题，借以对其进行评价。对每个回答“是”的答案，可以得1分：

1. 是否有这样的测试用例，代表了一个有效的不规则三角形？（注意，如1、2、3和2、5、10这样的测试用例并不能确保 “是”的答案，因为具备这样边长的三角形不存在。）
2. 是否有这样的测试用例，代表一个有效的等边三角形？
3. 是否有这样的测试用例，代表一个有效的等腰三角形？（注意，如2、2、4的测试用例无效，因为这不是一个有效的三角形。）
4. 是否至少有三个这样的测试用例，代表有效的等腰三角形，从而可以测试到两等边的所有三种可能情况（如3、3、4；3、4、3；4、3、3）？
5. 是否有这样的测试用例，某边的长度等于0？

6. 是否有这样的测试用例，某边的长度为负数？

7. 是否有这样的测试用例，三个整数皆大于0，其中两个整数之和等于第三个？（也就是说，如果程序判断1、2、3表示一个不规则三角形，它可能就包含一个缺陷。）

8. 是否至少有三个第7类的测试用例，列举了一边等于另外两边之和的全部可能情况（如1、2、3；1、3、2；3、1、2）？

9. 是否有这样的测试用例，三个整数皆大于0，其中两个整数之和小于第三个整数（如1、2、4；12、15、30）？

10. 是否至少有三个第9类的测试用例，列举了一边大于另外两边之和的全部可能情况（如1、2、4；1、4、2；4、1、2）？

11. 是否有这样的测试用例，三边长度皆为0（0，0，0）？

12. 是否至少有一个这样的测试用例，输入的边长为非整数值（如2.5、3.5、5.5）？

13. 是否至少有一个这样的测试用例，输入的边长个数不对（如仅输入了两个而不是三个整数）？

14. 对于每一个测试用例，除了定义输入值之外，是否定义了程序针对该输入值的预期输出值？

当然，测试用例集即使满足了上述条件，也不能确保能查找出所有可能的错误。但是，由于问题1至问题13代表了该程序不同版本中已经实际出现的错误，对该程序进行的充分测试至少应该能够暴露这些错误。

开始关注自己的得分之前，请考虑以下情况：以我们的经验来看，高水平的专业程序员平均得分仅7.8（满分14）。如果读者的得分更高，那么祝贺你。如果没有那么高，我们将尽力帮助你。

这个测验说明，即使测试这样一个小的程序，也不是件容易的事。因此，想象一下测试一个十万行代码的空中交通管制系统、一个编译器，甚至一个普通的工资管理程序的难度。随着面向对象编程语言（如Java、C++）的出现，测试也变得更加困难。举例来说，为测试这些语言开发出来的应用程序，测试用例必须要找出与对象实例或内存管理有关的错误。

从上面这个例子来看，完全地测试一个复杂的、实际运行的程序似乎是不太可能的。情况并非如此！尽管充分测试的难度令人望而生畏，但这是软件开发中一项非常必需的任务，也是可以实现的一部分工作，通过本书我们可以认识到这一点。

第 2 章
Chapter 2

软件测试的心理学和经济学

软件测试是一项技术性工作，但同时也涉及经济学和人类心理学的一些重要因素。

在理想情况下，我们会测试程序的所有可能执行情况，而在大多数情况下，这几乎是不可能的。即使一个看起来非常简单的程序，其可能的输入与输出组合可达到数百种甚至数千种，对所有的可能情况都设计测试用例是不切合实际的。对一个复杂的应用程序进行完全的测试，将耗费大量的时间和人力资源，这样在经济上是不可行的。

另外，要成功地测试一个软件应用程序，测试人员也需要有正确的态度（也许用“愿景”（vision）这个词会更好一些）。在某些情况下，测试人员的态度可能比实际的测试过程本身还要重要。因此，在深入探讨软件测试的本质之前（指技术层面），我们先探讨一下软件测试的心理学和经济学问题。

2.1 软件测试的心理学

测试执行得差，其中一个主要原因在于大多数的程序员一开始就把“测试”这个术语的定义搞错了。他们可能会认为：

“软件测试就是证明软件不存在错误的过程。”

“软件测试的目的在于证明软件能够正确完成其预定的功能。”

“软件测试就是建立一个‘软件做了其应该做的’信心的过程。”

这些定义都是本末倒置的。

每当测试一个程序时，应当想到要为程序增加一些价值。通过测试来增加程序的价值，是指测试提高了程序的可靠性或质量。提高了程序的可靠性，是指找出并最终修改了程序的错误。

因此，不要只是为了证明程序能够正确运行而去测试程序；相反，应该一开始就假设程序中隐藏着错误（这种假设对于几乎所有的程序都成立），然后测试程序，发现尽可能多的错误。

那么，对于测试，更为合适的定义应该是：

"测试是为发现错误而执行程序的过程"。

虽然这看起来像是个微妙的文字游戏，但确实有重要的区别。理解软件测试的真正定义，会对成功地进行软件测试有很大的影响。

人类行为总是倾向于具有高度目标性，确立一个正确的目标有着重要的心理学影响。如果我们的目的是证明程序中不存在错误，那就会在潜意识中倾向于实现这个目标；也就是说，我们会倾向于选择可能较少导致程序失效的测试数据。另一方面，如果我们的目标在于证明程序中存在错误，我们设计的测试数据就有可能更多地发现问题。与前一种方法相比，后一种方法会更多地增加程序的价值。

这种对软件测试的定义，包含着无穷的内蕴，其中的很多都蕴涵在本书各处。举例来说，它暗示了软件测试是一个破坏性的过程，甚至是一个"施虐"的过程，这就说明为什么大多数人都觉得它困难。这种定义可能是违反我们愿望的；所幸的是，我们大多数人总是对生活充满建设性而不是破坏性的愿景。大多数人都本能地倾向于创造事物，而不是将事物破坏。这个定义还暗示了对于一个特定的程序，应该如何设计测试用例（测试数据）、哪些人应该而哪些人又不应该执行测试。

为增进对软件测试正确定义的理解，另一条途径是分析一下对"成功的"和"不成功的"这两个词的使用。当项目经理在归纳测试用例的结果时，尤其会用到这两个词。大多数的项目经理将没发现错误的测试用例称为一次"成功的测试"，而将发现了某个新错误的测试称为"不成功的测试"。

这又是一次本末倒置。"不成功的"表示事情不遂人意或令人失望。我们认为，如果在测试某段程序时发现了错误，而且这些错误是可以修复的，就将这次合理设计并得到有效执行的测试称做是"成功的"。如果本次测试可以最终确定再无其他可查出的错误，同样也被称做是"成功的"。所谓"不成功的"测试，仅指未能适当地对程序进行检查，在大多数情况下，未能找出错误的测试被认为是"不成功的"，这是因为认为软件中不包含错误的观点基本上是不切实际的。

能发现新错误的测试用例不太可能被认为是"不成功的"，也就是说，能发现错误就证明它是值得设计的。"不成功的"测试用例，会看到程序输出正确的结果而没发现任何错误。

我们可以类比一下病人看医生的情况，病人因为身体不舒服而去看医生。如果医生对病人进行了一些检查和化验，却没有诊断出任何病因，我们就不会认为这些检查和化验是“成功的”，因为病人支付了昂贵的检查和化验费用，而病状却依然如故。病人会因此而质疑医生的诊断能力。但是，如果医生诊断出病人是胃溃疡，那么这次检测就是“成功的”，医生可以开始进行相应的治疗。因此，医疗行业会使用“成功的”或“不成功的”来表达诊断结果。我们当然可以类推到软件测试中来，当我们开始测试某个程序时，它就好似我们的病人。

“软件测试就是证明软件不存在错误的过程”，这个定义会带来第二个问题。对于几乎所有的程序而言，甚至是非常小的程序，这个目标实际上也是无法达到的。

另外，心理学研究表明，当人们开始一项工作时，如果已经知道它是不可行的或无法实现时，人的表现就会相当糟糕。举例来说，如果要求人们在15分钟之内完成星期日《纽约时报》里的纵横填字游戏，那么我们会观察到10分钟之后的进展非常小，因为大多数人都会却步于这个现实，即这个任务似乎是不可能完成的。但是如果要求在四个小时之内完成填字游戏，我们很可能有理由期望在最初10分钟之内的进展会比前一种情况下的大。将软件测试定义为发现程序错误的过程，使得测试是个可以完成的任务，从而克服了这个心理障碍。

诸如“软件测试就是证明‘软件做了其应该做的’的过程”此类的定义所带来的第三个问题是，程序即使能够完成预定的功能，也仍然可能隐藏错误。也就是说，当程序没有实现预期功能时，错误是清晰地显现出来的；如果程序做了其不应该做的，这同样是一个错误。考虑一下第1章中的三角形测试程序。即使我们证明了程序能够正确识别出不规则三角形、等腰三角形和等边三角形，但是在完成了不应执行的任务后（例如将1，2，3说成是一个不规则三角形或将0，0，0说成是一个等边三角形），程序仍然是错的。如果我们将软件测试视作发现错误的过程，而不是将其视为证明“软件做了其应该做的”的过程，我们发现后一类错误的可能性会大很多。

总结一下，软件测试更适宜被视为试图发现程序中错误（假设其存在）的破坏性的过程。一个成功的测试用例，通过诱发程序发生错误，可以在这个方向上促进软件质量的改进。当然，最终我们还是要通过软件测试来建立某种程度的信心：软件做了其应该做的，未做其不应该做的。但是通过对错误的不断研究是实现这个目的的最佳途径。

有人可能会声称“本人的程序完美无缺”（不存在错误），针对这种情况建立起信心的最好办法就是尽量反驳他，即努力发现不完美之处，而不只是确认程序在某些输入情况下能够正确地工作。

2.2 软件测试的经济学

给出了软件测试的适当定义之后，下一步就是确定软件测试是否能够发现“所有”的错误。我们将证明答案是否定的，即使是规模很小的程序。一般说来，要发现程序中的所有错误也是不切实际的，常常也是不可能的。这个基本的问题反过来暗示出软件测试的经济学问题、测试人员对被测软件的期望，以及测试用例的设计方式。

为了应对测试经济学的挑战，应该在开始测试之前建立某些策略。黑盒测试和白盒测试是两种最普遍的策略，我们将在下面两节中讨论。

2.2.1 黑盒测试

黑盒测试是一种重要的测试策略，又称为数据驱动的测试或输入/输出驱动的测试。使用这种测试方法时，将程序视为一个黑盒子。测试目标与程序的内部机制和结构完全无关，而是将重点集中放在发现程序不按其规范正确运行的环境条件。

在这种方法中，测试数据完全来源于软件规范（换句话说，不需要去了解程序的内部结构）。

如果想用这种方法来发现程序的所有错误，判定的标准就是“穷举输入测试”，将所有可能的输入条件都作为测试用例。为什么这样做？比如说在三角形测试的程序中，试过了三个等边三角形的测试用例，这不能确保正确地判断出所有的等边三角形。程序中可能包含对边长为3842，3842，3842的特殊检查，并指出此三角形为不规则三角形。由于程序是个黑盒子，因此能够确定此条语句存在的唯一方法，就是试验所有的输入情况。

要穷举测试这个三角形程序，可能需要为所有有效的三角形创建测试用例，只要三角形边长在开发语言允许的最大整数值范围内。这些测试用例本身就是天文数字，但这还绝不是所谓穷尽的；当程序指出−3，4，5是一个不规则三角形或2，A，2是一个等腰三角形时，问题就暴露出来了。为了确保能够发现所有这样的错误，不仅得用所有有效的输入，而且还得用所有可能的输入进行测试。因此，为了穷举测试三角形程序，实际上需要创建无限的测试用例，这当然是不可能的。

如果测试这个三角形程序都这么难的话，那么要穷举测试一个稍大些的程序的难度就更大了。设想一下，如果要对一个C++编译器进行黑盒穷举测试，不仅要创建代表所有有效C++程序的测试用例（实际上，这又是一个无穷数），还需要创建代表所有无效C++程序的测试用例（无穷数），以确保编译器能够检测出它们是无效的。也就是说，编译器必须进行测试，确保其不会执行不应执行的操作——如顺利地编译成功一个语法上不正确的程序。

如果程序使用到数据存储，如操作系统或数据库应用程序，这个问题会变得尤为严重。举例来说，在航班预定系统这样的数据库应用程序中，诸如数据库查询、航班预约这样的事务处理需要随上一次事务的执行情况而定。因此，不仅要测试所有有效的和无效的事务处理，还要测试所有可能的事务处理顺序。

上述讨论说明，穷举输入测试是无法实现的。这有两方面的含义，一是我们无法测试一个程序以确保它是无错的，二是软件测试中需要考虑的一个基本问题是软件测试的经济学。也就是说，由于穷举测试是不可能的，测试投入的目标在于通过有限的测试用例，最大限度地提高发现的问题的数量，以取得最好的测试效果。除了其他因素之外，要实现这个目标，还需要能够窥见软件的内部，对程序作些合理但非无懈可击的假设（例如，如果三角形程序将2，2，2视为等边三角形，那就有理由认为程序对3，3，3也作同样判断）。这种思路将形成本书第4章中测试用例设计策略的部分方法。

2.2.2 白盒测试

另一种测试策略称为白盒测试或称逻辑驱动的测试，允许我们检查程序的内部结构。这种测试策略对程序的逻辑结构进行检查，从中获取测试数据（遗憾的是，常常忽略了程序的规范）。

在这里我们的目标是针对这种测试策略，建立起与黑盒测试中穷举输入测试相似的测试方法。也许有一个解决的办法，即将程序中的每条语句至少执行一次。但是我们不难证明，这还是远远不够的。这种方法通常称为穷举路径测试，在本书第4章中将进一步进行深入探讨，在这里就不多加叙述。所谓穷举路径测试，即如果使用测试用例执行了程序中所有可能的控制流路径，那么程序有可能得到了完全测试。

然而，这个论断存在两个问题。首先，程序中不同逻辑路径的数量可能达到天文数字。图2-1所示的小程序显示了这一点。该图是一个控制流图，每一个结点或圆圈都代表一个按顺序执行的语句段，通常以一个分支语句结束。每一条边或弧线表示语句段之间的控制（分支）的转换。图2-1描述的是一个有着10～20行语句的程序，包含一个迭代20次的DO循环。在DO循环体中，包含一系列嵌套的IF语句。要确定不同逻辑路径的数量，也相当于要确定从点a～点b之间所有不同路径的数量（假定程序中所有的判断语句都是相互独立的）。这个数量大约是10^{14}，即100万亿，是从$5^{20}+5^{19}\cdots+5^{1}$计算而来，5是循环体内的路径数量。

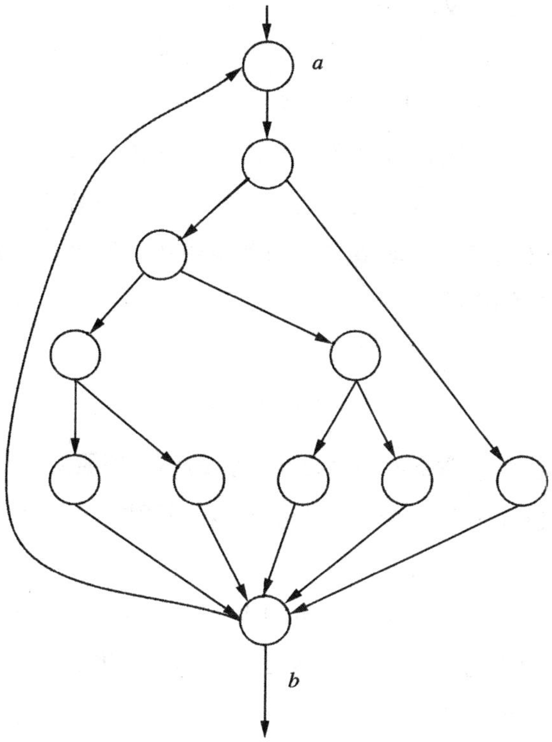

图2-1 一个小型程序的控制流图

由于大多数的人难以对这个数字有一个直观的概念，不妨设想一下：如果在每五分钟内可以编写、执行和确认一个测试用例，那么需要大约10亿年才能测试完所有的路径。假如可以快上300倍，每一秒就完成一次测试，也得用漫长的320万年才能完成这项工作。

当然，在实际程序中，判断并非都是彼此独立的，这意味着可能实际执行的路径数量要稍微少一些。但是，从另一方面来讲，实际应用的程序要比图2-1所描述的简单程序复杂得多。因此，穷举路径测试就如同穷举输入测试，非但不可能，也是不切实际的。

“穷举路径测试即完全的测试”论断存在的第二个问题是，虽然我们可以测试到程序中的所有路径，但是程序可能仍然存在着错误。这有三个原因。

第一，即使是穷举路径测试也决不能保证程序符合其设计规范。举例来说，如果要编写一个升序排序程序，但却错误地编成了一个降序排序程序，那么穷举路径测试就没多大价值了；程序仍然存在着一个缺陷：它是个错误的程序，因为不符合设计的规范。

第二，程序可能会因为缺少某些路径而存在问题。穷举路径测试当然不能发现缺少了哪些必需路径。

第三，穷举路径测试可能不会暴露数据敏感错误。这样的例子有很多，举一个简单的例子就能说明问题。假设在某个程序中要比较两个数值是否收敛，也就是检查两个数值之间的差是否小于某个既定的值。我们可能会这样编一条Java语言的IF语句：

```
if (a-b < c)
   System.out.println("a-b < c");
```

当然，这条语句明显错了，因为程序原意是将c与a-b的绝对值进行比较。然而，要找出这样的错误，取决于a和b所取的值，而仅仅执行程序中的每条路径并不一定能找出错误来。

总之，尽管穷举输入测试要强于穷举路径测试，但两者都不是有效的方法，因为这两种方法都不可行。那么，也许存在别的方法，将黑盒测试和白盒测试的要素结合起来，形成一个合理但并不十分完美的测试策略。本书的第4章将深入讨论这个话题。

2.3　软件测试的原则

让我们继续本章的话题基础，即软件测试中大多数重要的问题都是心理学问题。我们可以归纳出一系列重要的测试指导原则。这些原则看上去大多都是显而易见的，但常常总是被我们忽视掉。表2-1总结了这些重要原则，每条原则都将在下面的章节中详细介绍。

表2-1　软件测试的重要原则

编　号	原　则
1	测试用例中一个必需部分是对预期输出或结果进行定义
2	程序员应当避免测试自己编写的程序
3	编写软件的组织不应当测试自己编写的软件
4	应当彻底检查每个测试的执行结果

（续）

编　号	原　则
5	测试用例的编写不仅应当根据有效和预料到的输入情况，而且也应当根据无效和未预料到的输入情况
6	检查程序是否“未做其应该做的”仅是测试的一半，测试的另一半是检查程序是否“做了其不应该做的”
7	应避免测试用例用后即弃，除非软件本身就是一个一次性的软件
8	计划测试工作时不应默许假定不会发现错误
9	程序某部分存在更多错误的可能性，与该部分已发现错误的数量成正比
10	软件测试是一项极富创造性、极具智力挑战性的工作

原则1：测试用例中一个必需部分是对预期输出或结果的定义。

这条显而易见的原则在软件测试中是最常犯的错误之一。同样，这个问题也是基于人们的心理的。如果某个测试用例的预期结果事先没有得到定义，由于“所见即所想”现象的存在，某个似是而非、实际上是错误的结果可能会被解释成正确的结论。换句话说，尽管“软件测试是破坏性”的定义是合理的，但人们在潜意识中仍然渴望看到正确的结果。克服这种倾向的一种方法，就是通过事先精确定义程序的预期输出，鼓励人们对所有的输出进行仔细检查。因此，一个测试用例必须包括两个部分：

1. 对程序的输入数据的描述。

2. 对程序在上述输入数据下的正确输出结果的精确描述。

所谓“问题”，可以归纳为一个或一组我们不能给出可信服的解释、看上去不太正常或不符合我们期望或预想的事实。应当明确的是，在确定事物存在“问题”之前，人们必须已经形成了特定的认识。没有期望，也就没有所谓的意外。

原则2：程序员应当避免测试自己编写的程序。

任何作者都知道或应该知道，亲自编辑或校对自己的作品确实是个不好的做法。作者清楚某段文字要说明的是什么，实际表达出来的意思却南辕北辙，而自己可能却意识不到。况且实际上也不会想在自己的作品中找出什么错误来。对程序员而言，也存在相同的问题。

如果我们对软件项目关注的重点发生变化，就会产生另外一个问题。当程序员“建设性”地设计和编写完程序之后，很难让他突然改变视角以一种“破坏性”的眼光来审查程序。

正如许多房屋业主都知道的那样，撕下屋里的墙纸（这是个破坏性的过程）并不容易，如果这些墙纸又恰恰是业主第一个亲手贴的，尤其令其沮丧不已。同样，大多数程序员都不能有效地测试自己编写的程序，因为他们无法改变思维方式来尽力暴露自己程序中的错误。另外，程序员可能会下意识地避免找出错误来，担心受到同事、上司、客户或正在开发的程序或系统的主管的惩罚。

仅次于上面的心理学问题，还有一个重要的问题：由于程序员错误地理解了疑难定义或规范，导致程序中存在错误。如果情况是这样，程序员可能会带着同样的误解来测试自己的程序。

这并不意味着程序员测试自己的程序是不可能的。当然，我们的言下之意是，让其他人来测试程序会更加有效，也会更容易测试成功。

请注意，我们的论据并不适合于“调试”（纠正已知的错误）。“调试”由程序的编写人员来完成会有效得多。

原则3：编写软件的组织不应当测试自己编写的软件。

这里的论据与前面的论据相似。从很多方面来讲，一个软件项目或编程组织是一个有机的机构，具有与个体程序员相似的心理问题。而且在大多数情况下，主要是根据其在给定时间、特定成本范围内开发软件的能力来衡量编程组织或项目经理。其中的一个原因是，度量时间和成本目标比较容易，而定量地衡量软件的可靠性则极其困难。即便是合理规划和实施的测试过程，也可能被认为降低了完成进度和成本目标的可能性，因此，编程组织难以客观地测试自己的软件。

同样，我们并不是说编程组织发现程序中的问题是不可能的，事实上很多组织已经在某种程度上成功地做到了这一点。当然，我们的言下之意是，更经济的方法是由客观、独立的第三方来进行测试。

原则4：应当彻底检查每个测试的执行结果。

这个原则可能是最显而易见的原则，但也同样常常被忽视。我们见过大量的例子，即便错误的症状在输出清单中可以清楚地看到，但还是没有找出那些错误来。换言之，在后续测试中发现的错误，往往是前面的测试遗漏掉的。

原则5：测试用例的编写不仅应当根据有效和预期的输入情况，而且也应当根据无效和未预料到的输入情况。

在测试软件时，有一个自然的倾向，即将重点集中在有效和预期的输入情况上，而忽略了无效和未预料到的情况。比如，在本书第1章三角形程序的测试中，总是出现这个倾向。

例如，很少有人会向程序输入1，2，5以证明程序不会错误地将其解释为一个不规则三角形，而不是一个无效三角形。此外，在软件产品中突然暴露出来的许多问题是当程序以某些新的或未预料到的方式运行时发现的。因此，针对未预料到的和无效输入情况的测试用例，似乎比针对有效输入情况的那些用例更能发现问题。

原则6：检查程序是否“未做其应该做的”仅是测试的一半，测试的另一半是检查程序是否“做了其不应该做的”。

这条原则是上条原则的必然结果。必须检查程序是否有我们不希望的负作用。比如，某个工资管理程序即便可以生成正确的工资单，但是如果也为非雇员生成工资单或者它覆盖掉了人员文件的第一条记录，这样的程序仍然是不正确的程序。

原则7：应避免测试用例用后即弃，除非软件本身就是一个一次性的软件。

这个问题在采用交互式系统来测试软件时最常见。人们通常会坐在终端前，匆忙地编写测试用例，然后将这些用例交由程序执行。这样做的问题在于，饱含我们宝贵投入的测试用例，在测试结束后就消失了。一旦软件需要重新测试（例如，当改正了某个错误或作了某种改进后），又必须重新设计这些测试用例。情况往往是这样的，由于重新设计测试用例需要投入大量的工作，人们总是避免这样做。因此，对该程序的重新测试极少会同上次一样严格。这就意味着，如果对程序的更改导致了程序某个先前可以执行的部分发生了故障，这个故障往往是不会被发现的。保留测试用例，当程序其他部件发生更动后重新执行，这就是我们所谓的“回归测试”。

原则8：计划测试工作时不应默许假定不会发现错误。

项目经理经常容易犯这个错误，这也是使用了不正确的测试定义的一个迹象——也就是说，假定“测试是一个证明程序正确运行的过程”。我们再一次重申，所谓测试，就是为发现错误而执行程序的过程。

原则9：程序某部分存在更多错误的可能性，与该部分已发现错误的数量成正比。

这种现象如图2-2所示。乍看上去，这幅图似乎没有什么意义，但很多程序都存在这种现象。例如，假如某个程序由两个模块、类或子程序A和B组成，模块A中已经发现了五个错误，而模块B中仅仅找到了一处错误。如果模块A所经过的测试并不是故意设计得更为严格，那么该原则告诉我们，模块A与模块B相比，存在更多错误的可能性要大。

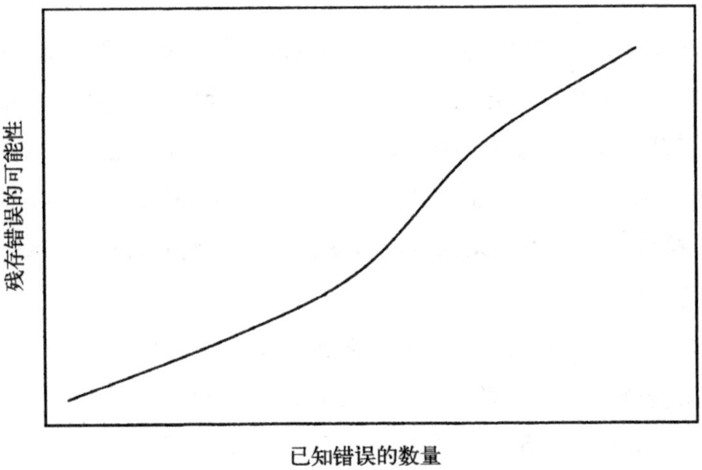

图2-2 残存错误与已知错误间令人惊奇的联系

该原则的另一个说法是，错误总是倾向于聚集存在，而在一个具体的程序中，某些部分要比其他部分更容易存在错误，尽管没有人能够对这种现象给出很好的解释。这种现象之所以有用，是因为它给予了我们对软件测试过程的深入理解或反馈信息。如果一个程序的某个部分远比其他部分更容易产生错误，那么这种现象告诉我们，为了使测试获得更大的成效，最好对这些容易存在错误的部分进行额外的测试。

原则10：软件测试是一项极富创造性、极具智力挑战性的工作。

测试一个大型软件所需要的创造性很可能超过了开发该软件所需要的创造性。我们已经看到，要充分地测试一个软件以确保所有错误都不存在是不可能的。本书后续章节讨论的技术使我们能够为某个软件设计出合理的测试用例集，然而这些技术仍然需要大量的创造性。

2.4 小结

在阅读本书接下来的内容时，请牢记以下几个重要的测试原则：

- 软件测试是为发现错误而执行程序的过程。
- 尽量避免编码人员测试自己的程序。
- 好的测试用例能够对未发现的错误高度敏感。
- 成功的测试用例能够发现未知的错误。
- 成功的测试需要仔细定义输入输出的期望值。
- 成功的测试需要仔细研究分析测试结果。

第3章
Chapter 3

代码检查、走查与评审

多年以来，软件界的大多数人都持有一个想法，即编写程序仅仅是为了提供给机器执行，并不是供人们阅读的，软件测试的唯一方法就是在计算机上执行它。20世纪70年代早期，一些程序员最先意识到阅读代码对于构成完善的软件测试和调试手段的价值，通过他们的努力，原有的观念开始发生变化。

今天，并不是所有的软件测试人员都要阅读代码，但是研读程序代码作为测试工作的一部分，这个观念已经得到了广泛认同。以下几个因素会影响到特定的测试和调试工作需要人工实际阅读代码的可能性：软件的规模和复杂度、软件开发团队的规模、软件开发的时限（例如时间安排表是松散还是紧密）等，当然还有编程小组的技术背景和文化。

基于这些原因，在深入研究较为传统的基于计算机的测试技术之前，我们首先讨论非基于计算机测试的过程（即“人工测试”）。人工测试技术在查找错误方面非常有效，以至于任何编程项目都应该使用其中的一种或多种技术。应该在程序开始编码之后、基于计算机的测试开始之前使用这些方法。同样，也可以在编程过程的更早阶段就开始设计和应用类似的方法（例如在每个设计阶段的末尾），但是这些内容超出了本书讨论的范围。

在开始讨论人工测试技术之前，有一条重要的注意事项：由于包含了人为因素在内，导致很多方法的正规性要差于由计算机执行的数学证明，人们可能会怀疑某些如此简单和不正规的东西是否有用。反之亦然。这些不正规的方法并没有妨碍测试取得成功；相反，它们从以下两个方面显著地提高了测试的功效和可靠性。

首先，人们普遍认识到错误发现得越早，改正错误的成本越低，正确改正错误的可能性也越大。其次，程序员在开始基于计算机的测试时似乎要经历一个心理上的转变。从内部产生的压力似乎会急剧增长，并产生一个趋势，要“尽可能快地修正这个缺陷”。由于这些压力的存在，程序员在改正某个由基于计算机测试发现的错误时所犯的失误，要比改正早期发现的问题时所犯的失误更多一些。

3.1 代码检查与走查

代码检查、走查以及可用性测试是三种主要的人工测试方法。这些测试方法可以应用在软件开发的任何阶段，包括在一个应用程序编码基本结束或者每一个模块（单元）编码结束之后（阅读第5章关于模块或单元测试的更多内容）。本章将主要介绍前两种针对代码的（白盒级别的）测试方法。在第7章我们会讨论可用性测试。

由于代码走查和检查这两种方法具有很多共同之处，所以在这里我们将讨论它们的相似点，而它们的不同之处将在后续章节中介绍。

代码检查与走查都要求人们组成一个小组来阅读或直观检查特定的程序。无论采用哪种方法，参加者都需要完成一些准备工作。准备工作的高潮是在参加者会议上进行的所谓“头脑风暴会”。“头脑风暴会”的目标是找出错误来，但不必找出改正错误的方法。换句话说，是测试，而不是调试。

代码检查与走查已经广泛运用了很长时间。我们认为，它们的成功与本书第2章所述的一些原则有关。

在代码走查中，一组开发人员（三到四人为最佳）对代码进行审核。其中只有一人是代码的作者。因此，代码走查的主要工作是由其他人，而不是作者本人完成的，这和软件测试的第2原则，也即“软件编写者往往不能有效地测试自己的软件”相符合。（参见第2章，表2.1，本书将陆续涉及表中归纳的10条测试原则。）

代码检查与走查是对过去桌面检查过程（在提交测试前由程序员阅读自己程序的过程）的改进。与原方法相比，代码检查与走查更为有效，同样是因为在实施过程中，除了软件编写者本人，还有其他人参与进来。

代码走查的另一个优点在于，一旦发现错误，通常就能在代码中对其进行精确定位，这就降低了调试（错误修正）的成本。另外，这个过程通常发现成批的错误，这样错误就可以一同得到修正。而基于计算机的测试通常只能暴露出错误的某个表症（程序不能停止，或打印出了一个无意义的结果），错误通常是逐个地被发现并得到纠正的。

在典型的程序中，这些方法通常会有效地查找出30%～70%的逻辑设计和编码错误。但是，这些方法不能有效地查找出高层次的设计错误，例如在软件需求分析阶段的错误。请注意，所谓30%～70%的错误发现率，并不是说所有错误中多达70%可能会被找出来，而是讲这些方法在测试过程结束时可以有效地查找出多达70%的已知错误。请记住，第2章告诉我们，程序中的错误总数始终是未知的。

当然，可能存在对这些统计数字的批评，即人工方法只能发现“简单”的错误（即与基于计算机的测试方法相比，所发现的问题显得微不足道），而困难的、不明显的或微妙的错误只能用基于计算机的测试方法才能找到。然而，一些测试人员在使用了人工方法之后发现，对于某些特定类型的错误，人工方法比基于计算机的方法更有效，而对于其他错误类型，基于计算机的方法更有效。这就意味着，代码检查/走查与基于计算机的测试是互补的。缺少其中任何一种，错误检查的效率都会降低。

最后，不但这些测试过程对于测试新开发的程序有着不可估量的作用，而且对于测试更改后的程序，这些测试过程具有相同的作用，甚至更大。根据我们的经验，修改一个现存的程序比编写一个新程序更容易产生错误（以每写一行代码的错误数量计）。因此，除了回归测试方法之外，更改后的程序还要进行这些人工方法的测试。

3.2 代码检查

所谓代码检查，是以组为单位阅读代码，它是一系列规程和错误检查技术的集合。对代码检查的大多数讨论都集中在规程、所要填写的表格等。这里对整个规程进行简短的概述，之后我们将重点讨论实际的错误检查技术。

3.2.1 代码检查小组

一个代码检查小组通常由四人组成，其中一人发挥着协调作用。协调人应该是个称职的程序员，但不是该程序的编码人员，不需要对程序的细节了解得很清楚。协调人的职责包括以下几点：

- 为代码检查分发材料、安排进程。
- 在代码检查中起主导作用。

• 记录发现的所有错误。

• 确保所有错误随后得到改正。

第二个小组成员是代码的作者。小组中的其他成员通常是程序的设计人员（如果设计人员不同于编码人员的话），以及一名测试专家。这名测试专家应该具备较高的软件测试造诣并熟悉大部分的常见编码错误，下文会就这些常见编码错误进行讨论。

3.2.2 检查议程与注意事项

在代码检查之前的几天，协调人将程序清单和设计规范分发给其他成员。所有成员应在检查之前熟悉这些材料。在检查进行时，主要进行两项活动：

1. 由程序编码人员逐条语句讲述程序的逻辑结构。在讲述的过程当中，小组的其他成员应提问题、判断是否存在错误。在讲述中，很可能是程序编码人员本人而不是其他小组成员发现了大部分错误。换句话说，对着大家大声朗读程序，这种简单的做法看来是一个非常有效的错误检查方法。
2. 参考常见的编码错误列表分析程序（错误列表将在下一节中介绍）。

协调人负责确保检查会议的讨论高效地进行、每个参与者都将注意力集中于查找错误而不是修正错误（错误的修正由程序员在检查会议之后完成）。

会议结束之后，程序员会得到一份已发现错误的清单。如果发现的错误太多，或者某个错误涉及对程序做根本性的改动，协调人可能会在错误修正后安排对程序进行再次检查。这份错误清单也要进行分析、归纳，用以提炼错误列表，以便提高以后代码检查的效率。

如上所述，这个代码检查过程通常将注意力集中在发现错误上，而不是纠正错误。然而，有些小组可能会发现，当检查出某个小问题之后，有两三个人（包括负责该代码的程序员本人）会建议对设计进行明显的修补以解决这个特例。那么，对这个小问题的讨论，反过来会将整个小组的注意力集中在设计的某个部分。在探讨修补设计来解决这个小问题的最佳方法时，有人可能会注意到另外的问题。既然小组已经发现了设计中同一部分的两个相关问题，那么每隔几段代码就可能需要密集的注释。几分钟之内，整个设计就被彻底检查完，任何问题都会一目了然。

在代码检查的时间及地点的选择上，应避免所有的外部干扰。代码检查会议的理想时间应在90～120分钟。由于开会是一项繁重的脑力劳动，会议时间越长效率越低。大多数的代码检查都是按每小时大约阅读150行代码的速度进行。因此，对大型软件的检查应安排多个代码检查会议同时进行，每个代码检查会议处理一个或几个模块或子程序。

3.2.3 对事不对人，和人有关的注意事项

请注意，要使检查过程有成效，必须树立正确的态度。如果程序员将代码检查视为对其人格的攻击、采取了防范的态度，那么检查过程就不会有效果。正确的做法是，程序员必须怀着非自我本位的态度来对待检查过程，对整个过程采取积极和建设性的态度：代码检查的目标是发现程序中的错误，从而改进软件的质量。正因为这个原因，大多数人建议应对代码检查的结果进行保密，仅限于参与者范围内部。尤其是如果管理人员想利用代码检查的结果，那么就与检查过程的目的背道而驰了。

3.2.4 代码检查的衍生功效

除了可以发现错误这个主要作用之外，代码检查还有其他的衍生作用。其一，程序员通常会得到编程风格、算法选择及编程技术等方面的反馈信息。其二，其他参与者也可以通过接触程序员的错误和编程风格而同样受益匪浅。通常来说，这种类型的测试方法能够增强项目中团队的凝聚力，减少消极人际关系滋长的可能性，有利于打造高度合作的、高效的以及信得过的开发模式。(要辩证看代码检查的这些功效，一旦没有做好出现像前面提到的人身攻击之类的事情，则造成恶劣影响，所以进行代码检查一定要准备充分且不断摸索成功经验，摈弃不好的实践。——译者注)

最后还有，代码检查是能够在早期发现程序中脆弱部位的方法之一，有助于在测试过程中将更多的注意力集中在这些脆弱地方（与第2章第9条测试原则不谋而合）。

3.3 用于代码检查的错误列表

代码检查过程的一个重要部分就是对照一份错误列表，来检查程序是否存在常见错误。遗憾的是，有些错误列表更多地注重编程风格而不是错误（例如，“注释是否准确且有意义？”，“if-else代码段和do-while代码段是否缩进对

齐？”），错误检查太过模糊而实际上没有用（例如，“代码是否满足设计需求？”）。本节中讨论的错误列表是经多年对软件错误的研究编辑而成的。该错误列表在很大程度上是独立于编程语言的，也就是说，大多数的错误都可能出现在用任意语言编写的程序中。读者可以把自己使用的编程语言中特有的错误，以及代码检查发现的错误补充到这份错误列表中去。

3.3.1 数据引用错误

1. 是否有引用的变量未赋值或未初始化？这可能是最常见的编程错误，在各种环境中都可能发生。在引用每个数据项（如变量、数组元素、结构中的域）时，应试图非正式地“证明”该数据项在当前位置具有确定的值。
2. 对于所有的数组引用，是否每一个下标的值都在相应维规定的界限之内？
3. 对于所有的数组引用，是否每一个下标的值都是整数？虽然在某些语言中这不是错误，但这样做是危险的。
4. 对于所有的通过指针或引用变量的引用，当前引用的内存单元是否分配？这就是所谓的“虚调用”（dangling reference）错误。当指针的生命期大于所引用内存单元的生命期时，错误就会发生。当指针引用了过程中的一个局部变量，而指针的值又被赋给一个输出参数或一个全局变量，过程返回（释放了引用的内存单元）结束，尔后程序试图使用指针的值时，这种错误就会发生。与前面检查错误的方法类似，应试图非正式地“证明”，对于每个使用指针值的引用，引用的内存单元都存在。
5. 如果一个内存区域具有不同属性的别名，当通过别名进行引用时，内存区域中的数据值是否具有正确的属性？在FORTRAN语言中对`EQUIVALENCE`语句使用，或COBOL语言中对`REDEFINES`语句使用的地方，都可能发生这种错误。例如，一个FORTRAN语言程序包含一个实型变量A和一个整型变量B，两者都通过使用`EQUIVALENCE`语句而成为同一内存区域的别名。如果程序先对A赋值，然后又引用变量B，由于机器可能会将内存中用浮点位表示的实数当做整数，在这种情况下错误就可能发生。
6. 变量值的类型或属性是否与编译器所预期的一致？当C、C++或COBOL程序将某个记录读到内存中，并使用一个结构来引用它时，由于记录的物理表示与结构定义存在差异，这种情况下错误就可能发生。

COBOL与Fortran背景资料

COBOL和Fortran是两门分别面向商业处理和科学计算开发方向的元老级别的编程语言，这两门语言为数代的程序员提高开发效率作出了不可估量的贡献。

COBOL（取自**CO**mmon **B**usiness **O**riented **L**anguage的粗体部分）的雏形诞生于1959年前后，其设计的主要目的是为了支撑大型机系统上的商业应用软件的开发工作，其最初的规格设计可谓是集众家之长，当时参与COBOL项目的有知名的计算机制造商以及联邦政府机关，他们共同创造了一门全新的、面向商业的、能够运行在各种硬件和操作系统之上的编程语言。

这些年来，COBOL语言标准不断完善和发展。到2002年，COBOL几乎能够在大多数的操作系统平台进行开发和运行，甚至还推出了一个用来集成.NET开发环境的面向对象版本。

到本书写作之际，目前最新版本的COBOL是Visual COBOL 2010。

Fortran（最早拼写成FORTRAN，不过现在更倾向于首字母大写的规范）的诞生比COBOL还要稍微早点，其规格定义最早可以追溯到20世纪50年代早中期。和COBOL类似，Fortran被设计用来针对某些特殊类型（尤其是科学和数字计算方面）的大型机应用系统开发。Fortran这个名字来源于当时IBM一个叫做Mathematical **FOR**mula **TRAN**slating System（名字取自字体加粗部分）的系统。虽然最初的Fortran只有32种语句，但是这已经远远超越了当时的汇编程序设计语言，是具有划时代意义的进步。

到本书出版之际，最新的Fortran版本是Fortran 2008，已经在2010年被标准委员会正式通过。和COBOL一样，Fortran语言的演进伴随着对更多硬件和操作系统的支持，不过有一点不同的是，不管是现有系统的开发还是老系统的维护，Fortran都可能比COBOL应用得更广泛。

7. 在使用的计算机上，当内存分配的单元小于内存可寻址的单元大小时，是否存在直接或间接的寻址错误？例如，在某些条件下，定长的位串不必以字节边界为起点，但是地址又总是指向字节边界的。如果程序计算一个位串的地址，稍后又通过该地址引用这个位串，可能会指向错误的内存位置。将一个位串参数传送给一个子程序时，也可能发生这种情况。

8. 当使用指针或引用变量时，被引用的内存的属性是否与编译器所预期的一致？这种错误的一个例子是，当一个指向某个数据结构的C++指针，被赋值为另外的数据结构的地址。
9. 假如一个数据结构在多个过程或子程序中被引用，那么每个过程或子程序对该结构的定义是否都相同？
10. 如果字符串有索引，当对数组进行索引操作或下标引用，字符串的边界取值是否有“仅差一个”（off-by-one）的错误？
11. 对于面向对象的语言，是否所有的继承需求都在实现类中得到了满足？

3.3.2　数据声明错误

1. 是否所有的变量都进行了明确的声明？虽然没有明确声明不一定是错误，但通常却是麻烦的源头。举例来说，如果一个程序的子程序接收一个数组参数，却未将该参数定义为数组（如用 `DIMENSION` 语句），对该数组的引用（如 `C=A (I)`）会被解释为一个函数调用，导致计算机试图将此数组当做程序执行。另外，如果某个变量在一个内部过程或程序块中没有明确声明，是否可以理解为该变量在这个程序块中被共用？
2. 如果变量所有的属性在声明中没有明确说明，那么默认的属性能否被正确理解？举例来说，在Java语言中，程序接收到的没有正确声明的默认属性往往是导致意外情况发生的源头。
3. 如果变量在声明语句中被初始化，那么它的初始化是否正确？在很多语言中，数组和字符串的初始化比较复杂，因此也成为容易出错的地方。
4. 是否每个变量都被赋予了正确的长度和数据类型？
5. 变量的初始化是否与其存储空间的类型一致？举例来说，如果Fortran语言子程序中的一个变量在每次调用子程序时都需要重新初始化一次，那么必须使用赋值语句对其初始化，而不应该用`DATA`语句。
6. 是否存在着相似名称的变量（如`VOLT`和`VOLTS`）？这种情况不一定是错误，但应被视为警告，这些名称可能会在程序中发生混淆。

3.3.3 运算错误

1. 是否存在不一致的数据类型（如非算术类型）的变量间的运算？
2. 是否有混合模式的运算？例如，将浮点变量与一个整型变量做加法运算。这种情况并不一定是错误，但应该谨慎使用，确保程序语言的转换规则能够被正确理解。看看下面的Java程序片段，显示了整数运算中可能发生的取整误差：

```
int x = 1;
int y = 2;
int z = 0;
z = x/y;
System.out.println ("z = " + z);

OUTPUT:
z = 0
```

3. 是否有相同数据类型、不同字长变量间的运算？
4. 赋值语句的目标变量的数据类型是否小于右边表达式的数据类型或结果？
5. 在表达式的运算中是否存在表达式向上或向下溢出的情况？也就是说，最终的结果看起来是个有效值，但中间结果对于编程语言的数据类型可能过大或过小。
6. 除法运算中的除数是否可能为0？
7. 如果计算机表达变量的基本方式是基于二进制的，那么运算结果是否不精确？也就是说，在一个二进制计算机上，`10×0.1`很少会等于1.0。
8. 在特定场合，变量的值是否超出了有意义的范围？例如，对变量`PROBABILITY`赋值的语句可能需要进行检查，保证赋值始终为正且不大于1.0。
9. 对于包含一个以上操作符的表达式，赋值顺序和操作符的优先顺序是否正确？
10. 整数的运算是否有使用不当的情况，尤其是除法？举例来说，如果i是一个整型变量，表达式`2 * i / 2 = = i`是否成立，取决于i是奇数还是偶数，或是先运算乘法，还是先运算除法。

3.3.4 比较错误

1. 是否有不同数据类型的变量之间的比较运算，例如，将字符串与地址、日期或数字相比较？

2. 是否有混合模式的比较运算，或不同长度的变量间的比较运算？如果有，应确保程序能正确理解转换规则。
3. 比较运算符是否正确？程序员经常混淆“至多”、“至少”、“大于”、“不小于”、“小于”和“等于”等比较关系。
4. 每个布尔表达式所叙述的内容是否都正确？在编写涉及“与”、“或”或“非”的表达式时，程序员经常犯错。
5. 布尔运算符的操作数是否是布尔类型的？比较运算符和布尔运算符是否错误地混在了一起？这是一类经常会犯的错误，这里我们描述几个典型错误的例子：
   - 如果想判断i是否在2～10之间，表达式`2<i<10`是不正确的；相反，正确的应该是`(2<i)&&(i<10)`。
   - 如果想判断i是否大于x 或y ，表达式`i>x||y`也是不正确的，正确的应该是`(i>x)||(i>y)`。
   - 如果要比较三个数字是否相等，表达式`if(a==b==c)`的实际意思却大相径庭。
   - 如果需要验证数学关系`x>y>z`，正确的表达式应该是`(x>y)&&(y>z)`。
6. 在二进制的计算机上，是否有用二进制表示的小数或浮点数的比较运算？由于四舍五入，以及用二进制表示十进制数的近似度，这往往是错误的根源。
7. 对于那些包含一个以上布尔运算符的表达式，赋值顺序以及运算符的优先顺序是否正确？也就是说，如果碰到如同`(if((a==2)&&(b==2) || (c==3))`的表达式，程序能否正确理解是“与”运算在先还是“或”运算在先？
8. 编译器计算布尔表达式的方式是否会对程序产生影响？例如，语句`if((x==0 && (x/y)>z)`对于有的编译器来说是可接受的，因为其认为一旦“与”运算符的一侧为FALSE时，另一侧就不用计算；但是对于其他编译器来说，却可能引起一个被0除的错误。

3.3.5 控制流程错误

1. 如果程序包含多条分支路径，比如有计算`GO TO`语句，索引变量的值是否会大于可能的分支数量？例如，在语句

```
GO TO (200,300,400), i
```

中，i的取值是否总是1、2或3？

2. 是否所有的循环最终都终止了？应设计一个非正式的证据或论据来证明每一个循环都会终止。
3. 程序、模块或子程序是否最终都终止了？
4. 由于实际情况没有满足循环的入口条件，循环体是否有可能从未执行过？如果确实发生这种情况，这里是否是一处疏漏？例如，如果循环以下面的语句作为开头：

```
for (i=x ; i<=z; i++) {
...
}
or...
while (NOTFOUND) {
...
}
```

当NOTFOUND初始时就为假，或者x大于z时，情况会如何呢？

5. 如果循环同时由迭代变量和一个布尔条件所控制（如一个搜索循环），如果循环越界（fall-through）了，后果会如何？例如，伪指令循环以

```
DO I=1 to TABLESIZE WHILE (NOTFOUND)
```

开头，如果NOTFOUND永不为假，会发生什么结果呢？

6. 是否存在“仅差一个”的错误，如迭代数量恰恰多一次或少一次？这在从0开始的循环中是常见的错误。我们会经常忘记将“0”作为一次计数。举例来说，如果想编写一段Java代码执行10次循环，下面的语句是错误的，因为它执行了11次：

```
for (int i=0; i<=10;i++) {
   System.out.println(i);
}
```

正确的应该是执行10次循环：

```
for (int i=0; i <=9;i++) {
   System.out.println(i);
}
```

7. 如果编程语言中有语句组或代码块的概念（例如 do-while 或 {…} ），是否每一组语句都有一个明确的while语句，并且do语句也与其相应的语句

组对应？或者，是否每一个左括号都对应有一个右括号？目前的大多数编译器都能识别出这些不匹配的情况。

8. 是否存在不能穷尽的判断？举例来说，如果一个输入参数的预期值是1，2或3，当参数值不为1或2时，在逻辑上是否假设了参数必定为3？如果是这样的话，这种假设是否有效？

3.3.6 接口错误

1. 被调用模块接收到的形参（parameter）数量是否等于调用模块发送的实参（argument）数量？另外，顺序是否正确？
2. 实参的属性（如数据类型和大小）是否与相应形参的属性相匹配？
3. 实参的量纲是否与对应形参的量纲相匹配？举例来说，是否形参以度为单位而实参以弧度为单位？
4. 此模块传递给彼模块的实参数量，是否等于彼模块期望的形参数量？
5. 此模块传递给彼模块的实参的属性，是否与彼模块相应形参的属性相匹配？
6. 此模块传递给彼模块的实参的量纲，是否与彼模块相应形参的量纲相匹配？
7. 如果调用了内置函数，实参的数量、属性、顺序是否正确？
8. 如果某个模块或类有多个入口点，是否引用了与当前入口点无关的形参？下面PL/1程序的第二个赋值语句就存在这种错误：

```
A:    PROCEDURE(W,X);
      W=X+1;
      RETURN
B:    ENTRY (Y,Z);
      Y=X+Z;
      END;
```

9. 是否有子程序改变了某个原本仅为输入值的形参？
10. 如果存在全局变量，在所有引用它们的模块中，它们的定义和属性是否相同？
11. 常数是否以实参形式传递过？在一些用FORTRAN语言编写的程序中，诸如

```
CALL SUBX(J,3)
```

的语句是很危险的，因为如果子程序SUBX对其第二个形参进行赋值，常数3的值将会被改变。

3.3.7 输入/输出错误

1. 如果对文件明确声明过，其属性是否正确？
2. 打开文件的语句中各项属性的设置是否正确？
3. 格式规范是否与I/O语句中的信息相吻合？举例来说，在FORTRAN语言中，是否每个`FORMAT`语句都与相应的`READ`或`WRITE`语句相一致（就各项的数量和属性而言）？
4. 是否有足够的可用内存空间，来保留程序将读取的文件？
5. 是否所有的文件在使用之前都打开了？
6. 是否所有的文件在使用之后都关闭了？
7. 是否判断文件结束的条件，并正确处理？
8. 对I/O出错情况处理是否正确？
9. 任何打印或显示的文本信息中是否存在拼写或语法错误？
10. 程序是否正确处理了类似于“File Not Found”这样的错误？

3.3.8 其他检查

1. 如果编译器建立了一个标识符交叉引用列表，那么对该列表进行检查，查看是否有变量从未引用过，或仅被引用过一次。
2. 如果编译器建立了一个属性列表，那么对每个变量的属性进行检查，确保没有赋予过不希望的默认属性值。
3. 如果程序编译通过了，但计算机提供了一个或多个“警告”或“提示”信息，应对此逐一进行认真检查。“警告”信息指出编译器对程序某些操作的正确性有所怀疑；所有这些疑问都应进行检查。“提示”信息可能会罗列出没有声明的变量，或者是不利于代码优化的用法。
4. 程序或模块是否具有足够的鲁棒性？也就是说，它是否对其输入的合法性进行了检查？
5. 程序是否遗漏了某个功能？

这些检查列表在表3-1和表3-2中进行了总结。

表3-1　代码检查错误列表总结，第一部分

数据引用错误	运算错误
1. 是否有引用的变量未赋值或未初始化？ 2. 下标的值是否在范围之内？ 3. 是否存在非整数下标？ 4. 是否存在虚调用？ 5. 当使用别名时属性是否正确？ 6. 记录和结构的属性是否匹配？ 7. 是否计算位串的地址？是否传递位串参数？ 8. 基础的存储属性是否正确？ 9. 跨过程的结构定义是否匹配？ 10. 索引或下标操作是否有“仅差一个”的错误？ 11. 继承需求是否得到满足？	1. 是否存在非算术变量间的运算？ 2. 是否存在混合模式的运算？ 3. 是否存在不同字长变量间的运算？ 4. 目标变量的大小是否小于赋值大小？ 5. 中间结果是否上溢或下溢？ 6. 是否存在被0除？ 7. 是否存在二进制的不精确度？ 8.变量的值是否超过了有意义的范围？ 9. 操作符的优先顺序是否被正确理解？ 10. 整数除法是否正确？
数据声明错误	**比较错误**
1. 是否所有的变量都已声明？ 2. 默认的属性是否被正确理解？ 3. 数组和字符串的初始化是否正确？ 4. 变量是否赋予了正确的长度、类型和存储类？ 5. 初始化是否与存储类相一致？ 6. 是否有相似的变量名？	1. 是否存在不同类型变量间的比较？ 2. 是否存在混合模式的比较运算？ 3. 比较运算符是否正确？ 4. 布尔表达式是否正确？ 5. 比较运算是否与布尔表达式相混合？ 6. 是否存在二进制小数的比较？ 7. 操作符的优先顺序是否被正确理解？ 8. 编译器对布尔表达式的计算方式是否被正确理解？

表3-2　代码检查错误列表总结，第二部分

控制流程错误	输入/输出错误
1. 是否超出了多条分支路径？ 2. 是否每个循环都终止了？ 3. 是否每个程序都终止了？ 4. 是否存在由于入口条件不满足而跳过循环体？ 5. 可能的循环越界是否正确？ 6. 是否存在“仅差一个”的迭代错误？ 7. DO/END语句是否匹配？ 8. 是否存在不能穷尽的判断？ 9. 输出信息中是否有文字或语法错误？	1.文件属性是否正确？ 2.OPEN语句是否正确？ 3.I/O语句是否符合格式规范？ 4.缓冲大小与记录大小是否匹配？ 5.文件在使用前是否打开？ 6. 文件在使用后是否关闭？ 7. 文件结束条件是否被正确处理？ 8. 是否处理了I/O错误？
接口错误	**其他检查**
1. 形参的数量是否等于实参的数量？ 2. 形参的属性是否与实参的属性相匹配？ 3. 形参的量纲是否与实参的量纲相匹配？ 4. 传递给被调用模块的实参个数是否等于其形参个数？	1. 在交叉引用列表中是否存在未引用过的变量？ 2. 属性列表是否与预期的相一致？ 3. 是否存在“警告”或“提示”信息？ 4. 是否对输入的合法性进行了检查？

（续）

接口错误	其他检查
5. 传递给被调用模块的实参属性是否与其形参属性匹配？ 6. 传递给被调用模块的实参量纲是否与其形参量纲匹配？ 7. 调用内部函数的实参的数量、属性、顺序是否正确？ 8. 是否引用了与当前入口点无关的形参？ 9. 是否改变了某个原本仅为输入值的形参？ 10. 全局变量的定义在模块间是否一致？ 11. 常数是否以实参形式传递过？	5. 是否遗漏了某个功能？

3.4 代码走查

代码走查与代码检查很相似，都是以小组为单位进行代码阅读，是一系列规程和错误检查技术的集合。代码走查的过程与代码检查大体相同，但是规程稍微有所不同，采用的错误检查技术也不一样。

就像代码检查一样，代码走查也是采用持续一至两个小时的不间断会议的形式。代码走查小组由三至五人组成，其中一个人扮演类似代码检查过程中“协调人”的角色，一个人担任秘书（负责记录所有查出的错误）的角色，还有一个人担任测试人员。关于这三到五个人的组成结构，有各种各样的建议。当然，程序员应该是其中之一。我们建议另外的参与者应该包括：

- 一位极富经验的程序员；
- 一位程序设计语言专家；
- 一位程序员新手（可以给出新颖、不带偏见的观点）；
- 最终维护程序的人员；
- 一位来自其他不同项目的人员；
- 一位来自该软件编程小组的程序员。

开始的过程与代码检查相同：参与者在走查会议的前几天得到材料，这样可以专心钻研程序。然而走查会议的规程则不相同。不同于仅阅读程序或使用错误检查列表，代码走查的参与者“使用了计算机”。被指定为测试人员的那个人会带着一些书面的测试用例（程序或模块具有代表性的输入集及预期的输出集）来参加会议。在会议期间，每个测试用例都在人们脑中进行推演。也就是说，把测试数据沿程序的逻辑结构走一遍。程序的状态（如变量的值）记录在纸张或白板上以供监视。

当然，这些测试用例必须结构简单、数量较少，因为人脑执行程序的速度比计算机执行程序的速度慢上若干量级。因此，这些测试用例本身并不起到关键的作用；相反，它们的作用是提供了启动代码走查和质疑程序员逻辑思路及其设想的手段。在大多数的代码走查中，很多问题是在向程序员提问的过程中发现的，而不是由测试用例本身直接发现的。

与代码检查相同，代码走查参与者所持的态度非常关键。提出的建议应针对程序本身，而不应针对程序员。换句话说，软件中存在的错误不应被视为编写程序的人员自身的弱点。相反，这些错误应被看做是伴随着软件开发的艰难性所固有的。

与代码检查过程中描述的相似，代码走查应该有一个后续过程。同样，代码检查所带来的附带作用（如可以发现易出错的程序区域，通过接触软件错误、编程风格和方法来获得教育等）同样也会发生在代码走查过程中。

3.5 桌面检查

人工查找错误的第三种过程是古老的桌面检查方法。桌面检查可视为由单人进行的代码检查或代码走查：由一个人阅读程序，对照错误列表检查程序，对程序推演测试数据。

对于大多数人而言，桌面检查的效率是相当低的。其中的一个原因是，它是一个完全没有约束的过程。另一个重要的原因是它违反了本书第2章提出的测试原则，即人们一般不能有效地测试自己编写的程序。因此桌面检查最好由其他人而非该程序的编写人员来完成（例如，两个程序员可以相互交换各自的程序，而不是检查自己的程序）。但是即使这样，其效果仍然逊色于代码走查或代码检查。原因在于代码检查和代码走查小组中存在着互相促进的效应。小组会议培养了良性竞争的气氛，人们喜欢通过发现问题来展示自己的能力。而在桌面检查中，由于没有向其他人展示的机会，也就缺乏这个显而易见的良好效应。简而言之，桌面检查胜过没有检查，但其效果远远逊色于代码检查和代码走查。

3.6　同行评审

最后一种人工评审方法与程序测试并无关系（其目标不是为了发现错误），却仍在这里谈到，这是因为它与代码阅读的思想有关。

同行评审是一种依据程序整体质量、可维护性、可扩展性、易用性和清晰性对匿名程序进行评价的技术。该项技术的目的是为程序员提供自我评价的手段。

选出一位程序员来担任这个评审过程的管理员，管理员又会挑选出6～20名参与者（为保持匿名性，6人是最少数量）。这些参与者都应具备相似的背景（例如，不能把Java应用程序员与汇编语言系统程序员编为一组）。要求每名参与者都挑选出两个由自己编写的程序以供评审。其中的一个程序应是参与者自认为能代表其自身能力的最好作品，而另一个则是参与者自认为质量较差的作品。

当所有的程序都收集完毕后，就将这些程序随机分发给参与者。每名参与者拿到4个程序进行评审，其中的两个是“最好”的程序，另外两个则是相对“较差”的程序，但评审人自己并不知道。每名参与者每评审一个程序得花费30分钟，评审完后填写一张评价表。所有4个程序都评审完后，参与者对4个程序的相对质量进行分级。评价表要求评审人用1～10的分值（1代表明确的“是”，10代表明确的“否”），对诸如下面的问题进行回答：

- 程序是否易于理解？
- 高层次的设计是否可见且合理？
- 低层次的设计是否可见且合理？
- 修改此程序对评审者而言是否容易？
- 评审者是否会以编写出该程序而骄傲？

评审人还应给出总的评价和建议的改进意见。

评审结束之后，参与者会收到自己的那两个程序的匿名评价表，此外还会收到一个带统计的总结，说明在所有的程序中其程序的整体和具体得分情况，以及他对其他程序的评价与其他评审人对同一程序打分的比较分析情况。同行评审的目的是让程序员对自身的编程技术进行自我评价。同样，该过程也适用于企业开发和课堂教学环境。

3.7 小结

本章讨论了软件开发人员通常不会考虑到的一种测试形式——人工测试。大多数人认为，因为程序是为了供机器执行而编写的，那么也应由机器来对程序进行测试。这种想法是有问题的。人工测试方法在暴露错误方面是很有成效的。实际上，大多数的软件项目都应使用到以下的人工测试方法：

- 利用错误列表进行代码检查。
- 小组代码走查。
- 桌面检查。
- 同行评审。

另一种人工测试（基于人的测试）就是本章开头提到的可用性测试，这是一种黑盒测试技术，需要测试人员站在最终用户实用的角度来评估软件的可用性程度。这一部分将在本书第7章介绍。

第4章
Chapter 4

测试用例的设计

除了第2章探讨的软件测试的心理学问题以外，软件测试中最重要的因素是设计和生成有效的测试用例。

然而，无论软件测试进行得如何具有创造性、如何完全，也不能保证软件中不存在任何错误。测试用例的设计如此重要，原因在于完全的测试是不可能的，对任何程序的测试必定是不完全的。那么，最显然的测试策略就是努力使测试尽可能完全。

由于时间和成本的约束，软件测试的最关键问题是：

在所有可能的测试用例中，哪个子集最有可能发现最多的错误？

对软件测试用例设计方法的研究为这个问题提供了答案。

一般而言，在所有的方法中效率最低的是随机输入测试，即在所有可能的输入值中随机选取某个子集来对程序进行测试的过程。就发现最多错误的可能性而言，随机选取而产生的测试用例集很少有可能是理想的或接近理想的子集。在本章中，我们将提出一套思考过程，该过程有助于更加睿智地选取测试数据。

本书第2章已经证明穷举的黑盒和白盒测试通常都是不可能的，但同时也建议：将这两种测试的要素组合起来得到一种合理的测试策略。本章将对这种策略进行研究。我们可以通过使用特定的面向黑盒测试的测试用例设计方法，而后使用白盒测试方法对程序的逻辑结构进行检查以补充这些测试用例，借此来设计出一个相当严格的测试。

本章将要讨论的测试方法如下：

黑盒测试	**白盒测试**
等价类划分	语句覆盖
边界值分析	判定覆盖
因果图分析	条件覆盖
错误猜测	判定/条件覆盖
	多重条件覆盖

尽管上述方法将分开来进行讨论，但我们建议综合最多的（如果不能是全部的话）测试方法来设计严格的程序测试，因为每一种测试方法都有其独特的优势和弱点。举例来说，某种方法遗漏掉的错误，而用其他的方法就可能找出来。

没有人曾承诺说：软件测试会是容易的事。引用一位智者的话，“如果你觉得设计和编写程序很困难，你就并非一无所知”。

我们推荐的步骤是先使用黑盒测试方法来设计测试用例，然后视情况需要使用白盒测试方法来设计补充的测试用例。下面首先讨论较为有名的白盒测试方法。

4.1 白盒测试

白盒测试关注的是测试用例执行的程度或覆盖程序逻辑结构（源代码）的程度。如同我们在本书第2章所看到的，完全的白盒测试是将程序中每条路径都执行到，然而对一个带有循环的程序来说，完全的路径测试并不切合实际。

逻辑覆盖测试

如果完全从路径测试中跳出来看，那么有价值的目标似乎就是将程序中的每条语句至少执行一次。遗憾的是，这恰是合理的白盒测试中较弱的准则。图4-1描述了这种思想。假设图4-1代表了一个将要进行测试的小程序，其等价的Java代码段如下：

```
public void foo(int a, int b, int x) {
    if (A>1 && B==0)  {
        X=X/A;
    }
    if (A==2 || X>1)  {
        X=X+1;
    }

}
```

通过编写单个的测试用例遍历程序路径*ace*，可以执行到每一条语句。也就是说，通过在点*a*处设置`A=2`，`B=0`，`X=3`，每条语句将被执行一次（实际上，X可被赋任何值)。

遗憾的是，这个准则相当不足。举例来说，也许第一个判断应是“或”，而不是“与”。如果这样，这个错误就会发现不到。另外，可能第二个判断应该写成“X>0”，这个错误也不会被发现。还有，程序中存在一条X未发生改变的路径（路径*abd*)，如果这是个错误，它也不会被发现。换句话说，语句覆盖这条准则有很大的不足，以至于它通常没有什么用处。

*判定覆盖*或*分支覆盖*是较强一些的逻辑覆盖准则。该准则要求必须编写足够的测试用例，使得每一个判断都至少有一个为真和为假的输出结果。换句话说，也就是每条分支路径都必须至少遍历一次。分支或判定语句的例子包括`switch`、`do-while`和`if-else`语句。在一些程序语言如FORTRAN中，多重选择`GOTO`语句也是合法的。

判定覆盖通常可以满足语句覆盖。由于每条语句都是在要么从分支语句开始，要么从程序入口点开始的某条子路径上，如果每条分支路径都被执行到了，那么每条语句也应该被执行到了。但是，仍然还有至少三种例外情况：

- 程序中不存在判断。
- 程序或子程序/方法有着多重入口点。只有从程序的特定入口点进入时，某条特定的语句才能执行到。
- 在ON单元（ON-unit）里的语句。遍历每条分支路径并不一定能确保所有的ON单元都能执行到。

由于我们将语句覆盖视为一个必要条件，那么，作为似乎更佳准则的判定覆盖的定义理应涵盖语句覆盖。因此，判定覆盖要求每个判断都必须有“是”和“否”的结果，并且每条语句都至少被执行一次。换一种更简单的表达方式，即每个判断都必须有“是”和“否”的结果，而且每个入口点（包括ON单元）都必须至少被调用一次。

我们的探讨仅针对有两个选择的判断或分支，当程序中包含有多重选择的判断时，判定/分支覆盖准则的定义就必须有所改变。典型的例子有包含`select (case)`语句的Java程序，包含算术（三重选择）IF语句、计算或算术`GOTO`语句的FORTRAN程序，以及包含可选`GOTO`语句或`GO-TO-DEPENDING-ON`语句的

COBOL程序。对于这些程序，判定/分支覆盖准则将所有判断的每个可能结果都至少执行一次，以及将程序或子程序的每个入口点都至少执行一次。

在图4-1中，两个涵盖了路径*ace*和*abd*，或涵盖了路径*acd*和*abe*的测试用例就可以满足判定覆盖的要求。如果我们选择了后一种情况，两个测试用例的输入是A=3，B=0，X=3和A=2，B=1，X=1。

判定覆盖是一种比语句覆盖更强的准则，但仍然相当不足。举例来说，我们仅有50%的可能性遍历到那条X未发生变化的路径（也即，仅当我们选择前一种情况）。如果第二个判断存在错误（例如把X>1写成了X<1），那么前面例子中的两个测试用例都无法找出这个错误。

比判定覆盖更强一些的准则是*条件覆盖*。在条件覆盖情况下，要编写足够的测试用例以确保将一个判断中的每个条件的所有可能的结果至少执行一次。因为，就如同判定覆盖的情况一样，这并不总是能让每条语句都执行到，因此作为对这条准则的补充就是对程序或子程序，包括ON单元的每一个入口点都至少调用一次。举例来说，分支语句

```
DO K=0 to 50 WHILE (J+K<QUEST)
```

包含两种情况：K是否小于或等于50？以及J+K是否小于QUEST？因此，需要针对K<=50、K>50（达到循环的最后一次迭代）以及J+K<QUEST、J+K>=QUEST的情况设计测试用例。

图4-1有四个条件：A>1、B=0、A=2以及X>1。因此需要足够的测试用例，使得在点*a*处出现A>1、A<=1、B=0及B<>0的情况，在点*b*处出现A=2、A<>2、X>1及X<=1的情况。有足够数量的测试用例满足此准则，用例及其遍历的路径如下所示：

1. A=2，B=0，X=4　　*ace*
2. A=1，B=1，X=1　　*adb*

请注意，尽管在本例中生成的测试用例数量是一样的，但条件覆盖通常还是要比判定覆盖更强一些。因为，条件覆盖可能（但并不总是这样）会使判断中的各个条件都取到两个结果（“真”和“假”），而判定覆盖却做不到这一点。举例来说，在相同的分支语句

```
DO K=0 to 50 WHILE (J+K<QUEST)
```

中，存在一个两重分支（执行循环体，或者跳过循环体）。如果使用的是判定覆盖测试，将循环从K=0执行到K=51即可满足该准则，但从未考虑到*WHILE*子句为假

的情况。如果使用的是条件覆盖准则，就需要设计一个测试用例为J+K<QUEST产生一个为假的结果。

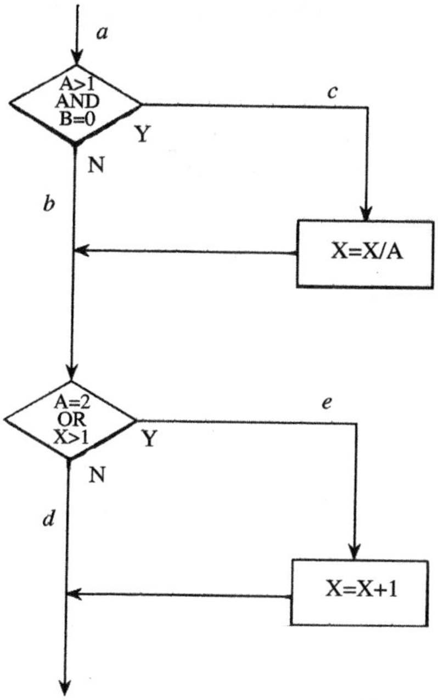

图4-1　被测试的小程序

虽然条件覆盖准则乍看上去似乎满足了判定覆盖准则，但并不总是如此。如果正在测试判断条件IF(A&B)，条件覆盖准则将要求编写两个测试用例：A为真，B为假；A为假，B为真。但是这并不能使IF语句中的THEN被执行到。对图4-1所示例子所进行的条件覆盖测试涵盖了全部判断结果，但这仅仅是偶然情况。举例来说，两个可选的测试用例：

1. A=1, B=0, X=3
2. A=2, B=1, X=1

涵盖了全部的条件结果，却仅涵盖了四个判断结果中的两个（这两个测试用例都涵盖到了路径*abe*，因而不会执行第一个判断结果为真的路径，以及第二个判断结果为假的路径）。

显然，解决上面左右为难局面的办法就是所谓的*判定/条件覆盖*准则。这种准则要求设计出充足的测试用例，将一个判断中的每个条件的所有可能的结果至少执行一次，将每个判断的所有可能的结果至少执行一次，将每个入口点都至少调用一次。

判定/条件覆盖准则的一个缺点是尽管看上去所有条件的所有结果似乎都执行到了，但由于有些特定的条件会屏蔽掉其他的条件，常常并不能全部都执行到。请参见图4-2来观察此种情况。图4-2中的流程图描述的是编译器将图4-1中的程序编译生成机器代码的过程。源程序中的多重条件判断被分解成单个的判断和分支，因为大多数的机器都没有能执行多重条件判断的单独指令。那么，更为完全的测试覆盖似乎是将每个基本判断的全部可能的结果都执行到，而前两个判定覆盖的测试用例都做不到这点；它们未能执行到判断H中的结果为“假”的分支，以及判断K中结果为“真”的分支。

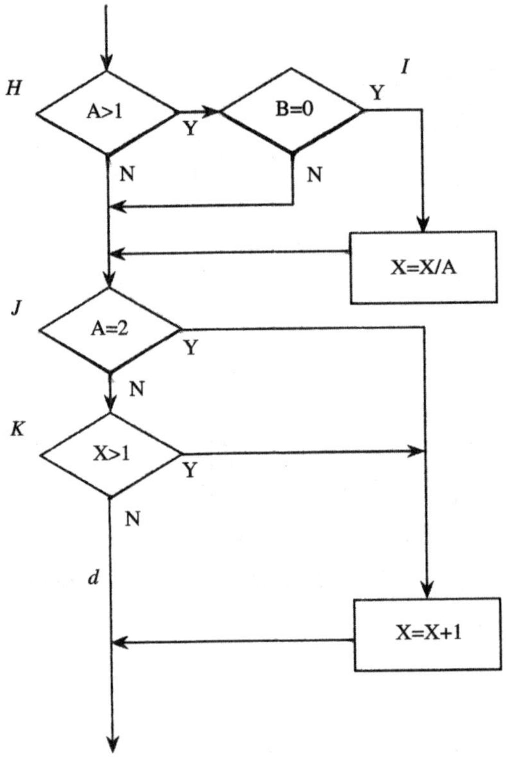

图4-2 图4-1中的程序的机器码

如图4-2所示，其中的原因是“与”和“或”表达式中某些条件的结果可能会屏蔽掉或阻碍其他条件的判断。举例来说，如果“与”表达式中有个条件为“假”，那么就无须计算该表达式中的后续条件。同样，如果“或”表达式中有个条件为“真”，那么后续条件也无须计算。因此，条件覆盖或判定/条件覆盖准则不一定会发现逻辑表达式中的错误。

所谓的*多重条件覆盖*准则能够部分解决这个问题。该准则要求编写足够多的测试用例，将每个判定中的所有可能的条件结果的组合，以及所有的入口点都至少执行一次。举例来说，考虑下面的伪代码程序：

```
NOTFOUND=TRUE;
DO I=1 to TABSIZE WHILE (NOTFOUND); /*SEARCH TABLE*/
      ...searching logic...;
END
```

要测试四种情况：

1. I<=TABSIZE，并且NOTFOUND为真；
2. I<=TABSIZE，并且NOTFOUND为假（在到达表格尾部前查询指定条目）；
3. I>TABSIZE，并且NOTFOUND为真（查询了整个表格，未找到指定条目）；
4. I>TABSIZE，并且NOTFOUND为假（指定条目位于表格的最后位置）。

很容易发现，满足多重条件覆盖准则的测试用例集，同样满足判定覆盖准则、条件覆盖准则以及判定/条件覆盖准则。

再次回到图4-1中，测试用例必须覆盖以下8种组合：

1. A>1, B=0
2. A>1, B<>0
3. A<=1, B=0
4. A<=1, B<>0
5. A=2, X>1
6. A=2, X<=1
7. A<>2, X>1
8. A<>2, X<=1

注意，与左边的情况一样，第5至第8组合表示了第二个if语句的值。由于x可能在该if语句之前发生了改变，因此这个if语句所需的值必须对程序逻辑进行回溯，以找到相对应的输入值。

要测试的这8种组合并不一定意味着需要设计出8个测试用例。实际上，用4个测试用例就可以覆盖它们。下面是这些测试用例的输入，以及它们覆盖的组合：

A=2, B=0, X=4	覆盖组合 1, 5
A=2, B=1, X=1	覆盖组合 2, 6
A=1, B=0, X=2	覆盖组合 3, 7
A=1, B=1, X=1	覆盖组合 4, 8

图4-1的程序存在4条不同的路径，需要4个测试用例，这样的情况纯属巧合。事实上，这4个用例也没有覆盖到每条路径，路径*acd*就被遗漏掉了。举例来说，对于如下所示的判断语句，尽管它只包含两条路径，仍可能需要8个测试用例：

```
if(x==y && length(z)==0 && FLAG) {
      j=1;
else
      i=1;
}
```

在存在循环的情况下，多重条件覆盖准则所需要的测试用例的数量通常会远远小于其路径的数量。

总的来说，对于包含每个判断只存在一种条件的程序，最简单的测试准则就是设计出足够数量的测试用例，实现：(1) 将每个判断的所有结果都至少执行一次；(2) 将所有的程序入口（例如入口点或ON单元）都至少调用一次，以确保全部的语句都至少执行一次。而对于包含多重条件判断的程序，最简单的测试准则是设计出足够数量的测试用例，将每个判断的所有可能的条件结果的组合，以及所有的入口点都至少执行一次（加入“可能”二字，是因为有些组合情况难以生成）。

4.2　黑盒测试

我们在第2章提到黑盒测试（数据驱动或者输入/输出驱动的测试）基于程序规格说明书黑盒测试的目标是找出程序不符合规格说明书的地方。

4.2.1　等价划分

本书第2章将一个好的测试用例描述为具有相当高的可能性发现某个错误来，此外还讨论了对程序的穷举输入测试是无法实现的。因此，当测试某个程序时，我们就被限制在从所有可能的输入中努力找出某个小的子集。理所当然，我们要找的子集必须是正确的，并且是可能发现最多错误的子集。

确定这个子集的一种方法，就是要意识到一个精心挑选的测试用例还应具备另外两个特性：

1. 严格控制测试用例的增加，减少为达到“合理测试”的某些既定目标而必须设计的其他测试用例的数量。
2. 它覆盖了大部分其他可能的测试用例。也就是说，它会告诉我们，使用或不使用这个特定的输入集合，哪些错误会被发现，哪些会被遗漏掉。

虽然这两个特性看起来很相似，但描述的却是截然不同的两种思想。第一个特性意味着，每个测试用例都必须体现尽可能多的不同的输入情况，以使最大限度地减少测试所需的全部用例的数量。而第二个特性意味着应该尽量将程序输入范围进行划分，将其划分为有限数量的等价类，这样就可以合理地假设（但是，显然不能绝对肯定）测试每个等价类的代表性数据等同于测试该类的其他任何数据。也就是说，如果等价类的某个测试用例发现了某个错误，该等价类的其他用例也应该能发现同样的错误。相反，如果测试用例没能发现错误，那么我们可以预计，该等价类中的其他测试用例不会出现在其他等价类中，因为等价类是相互交迭的。

这两种思想形成了称为*等价划分*的黑盒测试方法。第二种思想可以用来设计一个“令人感兴趣的”输入条件集合以供测试，而第一个思想可以随后用来设计涵盖这些状态的一个最小测试用例集。

本书第1章中三角形程序的一个等价类的例子是集合“三个值相等、都大于0的整型数据”。将此作为一个等价类后，我们就可以说，如果对该集合中某个元素所进行的测试没有发现错误的话，那么对该集合中其他元素所进行的测试也不大可能会发现错误。换言之，我们的测试时间最好花在其他地方（其他的等价类）。

使用等价划分方法设计测试用例主要有两个步骤：（1）确定等价类；（2）生成测试用例。

4.2.1.1 确定等价类

确定等价类是选取每一个输入条件（通常是规格说明中的一个句子或短语）并将其划分为两个或更多的组。可以使用图4-3中的表格来进行划分。注意，我们确定了两类等价类：*有效等价类*代表对程序的有效输入，而*无效等价类*代表的则是其他任何可能的输入条件（即不正确的输入值）。这样，我们遵循了本书第2章阐述的测试原则，即要注意无效和未预料到的输入情况。

外部条件	有效等价类	无效等价类

图4-3 等价类列举表

在给定了输入或外部条件之后，确定等价类大体上是一个启发式的过程。下面给出了一些指导原则：

1. 如果输入条件规定了一个取值范围（例如，“数量可以是从1到999”），那么就应确定出一个有效等价类（1<数量<999），以及两个无效等价类（数量<1，数量>999）。
2. 如果输入条件规定了取值的个数（例如，“汽车可登记一至六名车主”），那么就应确定出一个有效等价类和两个无效等价类（没有车主，或车主多于六个）。
3. 如果输入条件规定了一个输入值的集合，而且有理由认为程序会对每个值进行不同处理（例如，“交通工具的类型必须是公共汽车、卡车、出租车、火车或摩托车”），那么就应为每个输入值确定一个有效等价类和一个无效等价类（例如，“拖车”）。
4. 如果存在输入条件规定了“必须是”的情况，例如“标识符的第一个字符必须是字母”，那么就应确定一个有效等价类（首字符是字母）和一个无效等价类（首字符不是字母）。

如果有任何理由可以认为程序并未等同地处理等价类中的元素，那么应该将这个等价类再划分为小一些的等价类。稍后我们将给出这个过程的例子。

4.2.1.2 生成测试用例

第二步是使用等价类来生成测试用例，其过程如下：

1. 为每个等价类设置一个不同的编号。
2. 编写新的测试用例，尽可能多地覆盖那些尚未被涵盖的有效等价类，直到所有的有效等价类都被测试用例所覆盖（包含进去）。
3. 编写新的用例，覆盖一个且仅一个尚未被涵盖的无效等价类，直到所有的无效等价类都被测试用例所覆盖。

用单个测试用例覆盖无效等价类，是因为某些特定的输入错误检查可能会屏蔽或取代其他输入错误检查。举例来说，如果规格说明规定了 “请输入书籍类型（硬皮、软皮或活页）及数量（1～999）”，代表两个错误输入（书籍类型错误，数量错误）的测试用例“XYZ 0”，很可能不会执行对数量的检查，因为程序也许会提示“XYZ是未知的书籍类型”，就不检查输入的其余部分了。

4.2.2 一个范例

作为一个例子，假设我们正在为FORTRAN语言的一个子集开发编译器，我们希望对DIMENSION语句的语法检查进行测试。该语句的规格说明如下所示（这不是FORTRAN语言中的完整DIMENSION语句，我们对其进行了适当的剪裁，使其适合作为教科书的样例。不要被其误导，以为测试实际的程序就像测试本书中的样例一样容易）。在规格说明中，斜体字中的项是在实际语句中必须被特定实体取代的语法单元，使用括弧代表可选项，省略号代表前面的项可能会连续重复出现多次。

> DIMENSION语句用来定义数组的大小。
>
> DIMENSION语句的格式如下：
>
> `DIMENSION` *ad*`[,ad]...`
>
> 其中*ad*是数组描述符，其格式如下：
>
> `n(d[ ,d]...)`
>
> 其中*n*是数组的符号名，d是数组的维说明符。符号名可以由1～6个字母或数字组成，其中首字符必须是字母。一个数组最少有1个维，最多有7个维。维说明符的格式如下：
>
> `[lb: ]ub`
>
> 其中lb与ub分别是维的下边界和上边界。边界可以是−65 534～65 535之间的一个常数，或是一个整型变量名（但不能是数组元素名）。如果未指定lb，则其默认值为1。ub的值必须大于或等于lb。如果指定了lb，则其值可为负数、零或正数。就全部语句而言，DIMENSION语句可写成连续多行。

第一步应该是确定输入条件，然后为输入条件确定等价类。这些步骤都以表格形式记录在表4-1中。括号中的数字代表不同等价类的标识符。

表4-1　等价类

输入条件	有效等价类	无效等价类
数组描述符的个数	1个(1)，多于1个(2)	没有(3)
数组名长度	1～6位(4)	0(5), >6(6)
数组名称	有字母(7)，有数字(8)	其他(9)
数组名是否以字母开头	是(10)	否(11)
数组维的数量	1～7维(12)	0(13)，7(14)
上边界	常数(15)，整型变量(16)	数组元素名(17)，其他(18)
整型变量名	有字母(19)，有数字(20)	其他(21)

（续）

输入条件	有效等价类	无效等价类
整型变量名是否以字母开头	是(22)	否(23)
常数	−65 534～65 535(24)	<−65 534(25)，65 535(26)
是否指定了下边界	是(27)，否(28)	
上边界与下边界	大于(29)，等于(30)	小于(31)
指定的下边界	负数(32)，零(33)，大于零(34)	
下边界是	常数(35)，整型变量(36)	数组元素名(37)，其他(38)
下边界是	1个(39)	ub>=1(40)，ub<1(41)
是否连续多行	是(42)，否(43)	

下一个步骤应该是编写一个测试用例以覆盖一个或多个有效等价类。举例来说，测试用例

```
DIMENSION  A(2)
```

覆盖了第1、4、7、10、12、15、24、28、29、43等价类。

再下一个步骤应该是设计一个或更多的测试用例以覆盖剩余的有效等价类，如以下形式的测试用例

```
DIMENSION  A 12345 (I, 9, J4XXXX, 65535, 1, KLM,
X 1000, BBB(-65534:100, 0:1000, 10:10, I:65535)
```

覆盖了剩余的等价类。而无效输入等价类及其测试用例如下所示：

```
(3): DIMENSION
(5): DIMENSION (10)
(6): DIMENSION A234567(2)
(9): DIMENSION A.1(2)
(11): DIMENSION 1A(10)
(13): DIMENSION B
(14): DIMENSION B(4,4,4,4,4,4,4,4)
(17): DIMENSION B(4,A(2))
(18): DIMENSION B(4,,7)
(21): DIMENSION C(I.,10)
(23): DIMENSION C(10,1J)
(25): DIMENSION D(-65535:1)
(26): DIMENSION D(65536)
(31): DIMENSION D(4:3)
(37): DIMENSION D(A(2):4)
(38): D(.:4)
(43): DIMENSION D(0)
```

因此，所有的等价类都被17个测试用例全部所覆盖了。读者可以考虑一下，

如何将这些测试用例与用特殊方法生成的测试用例集进行比较。

尽管等价划分方法要比随机选取测试用例优越得多，但它仍然存在不足。例如，这种方法忽略掉了某些特定类型的高效测试用例。下面介绍的两种方法（边界值分析与因果图）可以弥补其中的很多不足。

4.2.3 边界值分析

经验证明，考虑了边界条件的测试用例与其他没有考虑边界条件的测试用例相比，具有更高的测试回报率。所谓边界条件，是指输入和输出等价类中那些恰好处于边界、或超过边界、或在边界以下的状态。边界值分析方法与等价划分方法存在两方面的不同：

1. 与从等价类中挑选出任意一个元素作为代表不同，边界值分析需要选择一个或多个元素，以便等价类的每个边界都经过一次测试。
2. 与仅仅关注输入条件（输入空间）不同，还需要考虑从结果空间（输出等价类）设计测试用例。

很难提供一份如何进行边界值分析的“详细说明”，因为这种方法需要一定程度的创造性，以及对问题采取一定程度的特殊处理办法（因此，就像测试的许多其他方面一样，这更多的是项智力工作，并非其他的什么）。然而，我们还是给读者提供一些通用指南：

1. 如果输入条件规定了一个输入值范围，那么应针对范围的边界设计测试用例，针对刚刚越界的情况设计无效输入测试用例。举例来说，如果输入值的有效范围是−1.0至+1.0，那么应针对−1.0、1.0、−1.001和1.001的情况设计测试用例。
2. 如果输入条件规定了输入值的数量，那么应针对最小数量输入值、最大数量输入值，以及比最小数量少一个、比最大数量多一个的情况设计测试用例。举例来说，如果某个输入文件可容纳1～255条记录，那么应根据0、1、255和256条记录的情况设计测试用例。
3. 对每个输出条件应用指南1。举例来说，如果某个程序按月计算FICA[⊖]的扣除额，且最小金额是\$0.00，最大金额为\$1 165.25，那么应该设计测试用例

⊖ 美国联邦社会保险捐款法，纳税人应依据此项法律交纳一定金额。——译者注

来测试扣除$0.00 和$1 165.25的情况。此外，还应观察是否可能设计出导致扣除金额为负数或超过$1 165.25的测试用例。

注意，检查结果空间的边界很重要，因为输入范围的边界并不总是能代表输出范围的边界情况（例如，三角正弦函数sin的情况就如此）。同样，总是产生超过输出范围的结果也是不大可能的，但无论如何，应该考虑这种可能性。

4. 对每个输出条件应用指南2。如果某个信息检索系统根据输入请求显示关联程度最高的信息摘要，而摘要的数量从未超过4条，则应编写测试用例，使程序显示0条、1条和4条摘要，还应设计测试用例，导致程序错误地显示5条摘要。
5. 如果程序的输入或输出是一个有序序列（例如顺序的文件、线性列表或表格），则应特别注意该序列的第一个和最后一个元素。
6. 此外，发挥聪明才智找出其他的边界条件。

本书第1章中的三角形分析程序可以说明边界值分析的必要性。作为代表三角形的输入值，它们必须是大于0的整数，而且其中任意两个之和应大于第三个。如果定义了等价划分，可能会确定一个满足此条件的等价类，以及另一个两个输入之和不大于第三个的等价类。因此，3-4-5和1-2-4两个都是可能的测试用例。然而，我们遗漏了一个可能的错误，即如果程序中表达式写成了`A+B>=C`，而不是`A+B>C`，那么程序就会错误地告诉我们1-2-3表示的是一个有效的不规则三角形。因此，边界值分析方法和等价划分之间的重要区别是，边界值分析考察正处于等价划分边界或在边界附近的状态。

作为边界值分析的一个例子，考虑下面的程序规格说明：

> MTEST是一个多项选择考试的评分程序。程序的输入是一个名为OCR的数据文件，包含多个长度为80个字符的记录。按照文件的格式要求，第一个记录的内容是标题，作为每份输出报告的标题。后面的一组记录描述了试题的标准答案，这些记录的最后一个字符是“2”。在这组记录的首条记录中，第1～第3列存储的是试题的数量（一个1～999的数），第10～第59列存储的是第1～第50道试题的标准答案（任何字符都为有效答案），后续记录的第10第59列存储的是第51～第100道试题、第101～第150道试题的标准答案等。

第三组记录描述的是每个学生的答案，这些记录的最后一个字符皆为“3”。对于每个学生来说，第一条记录的第1～第9列存储的是学生的名字或编号（任意字符），第10～第59列存储的是该学生对第1～第50道试题的答案。如果本次考试试题超过50个，该学生的后续记录的第10～第59列存储的是第51～第100、第101～第150道试题的答案等。学生的人数最多是200。输入数据如图4-4所示。四个输出报告分别是：

1. 按学生的编号排序的报告，显示每名学生的成绩（正确答案的百分比）和名次。
2. 按成绩排序的报告。
3. 显示成绩的平均值、中间值和标准偏差的报告。
4. 按问题的编号排序的报告，显示正确回答每个问题的学生比例。

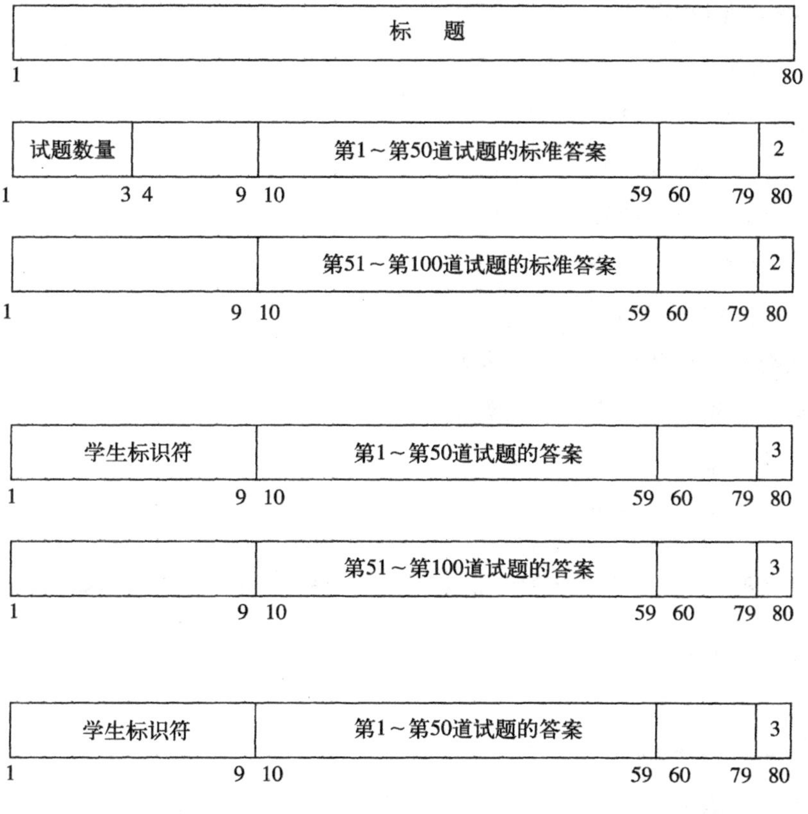

图4-4　MTEST程序的输入

我们从仔细阅读规格说明开始，寻找输入条件。第一个边界输入条件是一个空输入文件。第二个输入条件是该标题记录，边界条件是标题记录不存在、可能的最短标题和最长标题。后面的输入条件是存储标准答案的记录，以及第一个标准答案记录里的“试题数量”域是否存在。试题数量的等价类不应是1～999，因为在每个50的倍数处[⊖]会出现某些特殊情况（例如，需要多个记录）。这种输入等价类的一个合理划分是1～50、51～999。因此，我们需要针对试题数量为0、1、50、51和999的情况设计测试用例。这样就覆盖了标准答案记录数量的大多数边界条件。然而，三个最令人感兴趣的输入条件是标准答案记录不存在、记录多了一个以及记录少了一个（例如，试题数量是60个，然而在某个情况下有三个标准答案记录，而在另一种情况下只有一个）。到目前为止，我们生成的测试用例有：

1. 输入文件为空。
2. 没有标题记录。
3. 标题只有1个字符。
4. 标题有80个字符。
5. 考试试题数量为1。
6. 考试试题数量为50。
7. 考试试题数量为51。
8. 考试试题数量为999。
9. 考试试题数量为0。
10. 试题数量域的值为非数字类型。
11. 标题记录后无标准答案记录。
12. 标准答案记录数量多一个。
13. 标准答案记录数量少一个。

下面的输入条件是有关学生的答案的，其边界值测试用例可以是：

14. 学生人数为0。
15. 学生人数为1。
16. 学生人数为200。
17. 学生人数为201。

⊖ 如0、50、100等。——译者注

18. 某个学生只有一条答案记录，但却存在两条标准答案记录。
19. 上面那个学生是文件中第一个学生。
20. 上面那个学生是文件中的最后一个学生。
21. 某个学生有两条答案记录，但只有一条标准答案记录。
22. 上面那个学生是文件中第一个学生。
23. 上面那个学生是文件中最后一个学生。

尽管有些输出边界（例如第一份输出报告为空）已被已有的测试用例覆盖到，但我们仍然可以通过检查输出边界而得到有用的测试用例集。第一份输出报告与第二份输出报告的边界条件是：

学生人数为0（同第14号测试样例）。
学生人数为1（同第15号测试样例）。
学生人数为200（同第16号测试样例）。

24. 所有学生的成绩相同。
25. 所有学生的成绩都不相同。
26. 部分、但不是全部学生的成绩相同（检查名次的计算是否正确）。
27. 某个学生的成绩为0。
28. 某个学生的成绩为10。
29. 某个学生的标识符值为可能的最低值（检查排序）。
30. 某个学生的标识符值为可能的最高值。
31. 学生的数量恰好够一份报告占满一页（检查是否打印出多余页）。
32. 学生的数量除够一份报告占满一页外，还多一个。

第三份输出报告（平均值、中间值和标准偏差）的边界条件是：

33. 平均值为其最大值（全部学生都得满分）。
34. 平均值为0（全部学生都得0分）。
35. 标准偏差为其最大值（一个学生成绩为0分，其他都为100分）。
36. 标准偏差为0（全部学生成绩相同）。

第33号和第34号测试用例同时也覆盖了中间值的边界条件。另外一个有用的测试用例是学生人数为0的情况（检查程序在计算平均值时是否有被0除的情况），只是这种情况与第14号测试用例相同。

对第四份输出报告的检查可以生成下列边界值测试用例：

37. 全部学生都回答正确第一道试题。
38. 全部学生都回答错误第一道试题。
39. 全部学生都回答正确最后一道试题。
40. 全部学生都回答错误最后一道试题。
41. 试题的数量恰好够一份报告占满一页。
42. 试题的数量除够一份报告占满一页外，还多一道。

有经验的程序员很可能会认同这一点，即42个测试用例的大部分代表了在开发该程序的过程中可能会犯的共性错误，但如果我们采用的是随机生成或特殊的测试用例设计方法，这些错误中的大多数都不会被检查出来。如果使用得正确，边界值分析是最为有效的测试用例设计方法之一。然而，这种方法常常使用得不好，因为表面上它听起来比较简单。我们应该认识到，边界条件可能非常微妙，因此把它们确定下来需要煞费一番脑筋。

4.2.4 因果图

边界值分析和等价划分的一个弱点是未对输入条件的组合进行分析。举例来说，上一节中介绍的MTEST程序由于试题数量与学生数量的乘积超过某个阈值时可能会发生失效（例如，程序耗尽了内存）。边界值测试不一定能检查出此类错误。

对输入组合进行测试并不是简单的事情，因为即使对输入条件进行了等价划分，这些组合的数量也是个天文数字。如果在选择输入条件的子集时没有采用一个系统的方法，很可能选择出一个任意的输入条件子集，这样会使测试没有什么成效。

因果图有助于用一个系统的方法选择出高效的测试用例集。它还有一个额外的好处，就是可以指出规格说明的不完整性和不明确之处。

因果图是一种形式语言，用自然语言描述的规格说明可以转换为因果图。因果图实际上是一种数字逻辑电路（一个组合的逻辑网络），但没有使用标准的电子学符号，而是使用了稍微简单点的符号。除了了解布尔逻辑（了解逻辑运算符

"与"、"或"、"非"）之外，读者不必掌握电子学方面的知识。

生成测试用例时采用的过程如下：

1. 将规格说明分解为可执行的片段。这是必须的步骤，因为因果图不善于处理较大的规格说明。举例来说，当测试一个电子商务系统时，"可执行的片段"可能是指对挑选和确认购物车中的单件商品的规格说明。在测试一个Web页面设计时，我们可能会测试一个单独的菜单树，甚至是一个不太复杂的导航序列。
2. 确定规格说明中的因果关系。所谓"因"，是指一个明确的输入条件或输入条件的等价类。所谓"果"，是指一个输出条件或系统转换（输入对程序或系统状态的延续影响）。举例来说，如果某个事务引起文件或数据库记录被修改，那么这种改变就是一个系统转换，而系统反馈的确认信息就是一个输出条件。通过逐字逐句地阅读规格说明，同时标识出描述"因"和"果"的文字或句子，就可以将"因"和"果"确定出来。因果关系一旦确定下来，每个"因"和"果"都被赋予一个惟一的编号。
3. 分析规格说明的语义内容，并将其转换为连接因果关系的布尔图。这就是所谓的因果图。
4. 给图加上注解符号，说明由于语法或环境的限制而不能联系起来的"因"和"果"。
5. 通过仔细地跟踪图中的状态变化情况，将因果图转换成一个有限项的判定表。表中的每一列代表一个测试用例。
6. 将判定表中的列转换成测试用例。

因果图中的基本符号如图4-5所示。设想一下，每个结点的值为0或为1，0代表"不存在"状态，1代表"存在"状态。identity函数表示如果a等于1，则b也为1，否则b为0。NOT函数表示如果a等于1，则b为0；否则b为1。OR函数表示如果a或b或c等于1，则d为1；否则d为0。AND函数表示如果a和b都等于1，则c为1；否则c为0。后两个函数（OR和AND）允许存在任意数量的输入。

为描述一个小的因果图，考虑下面的规格说明：

> 第一列中的字符必须是"A"或"B"，第二列中的字符必须是一个数字。在这种情况下，对文件进行更新。如果第一个字符不正确，产生提示信息X12。如果第二个字符不是数字，产生提示信息X13。

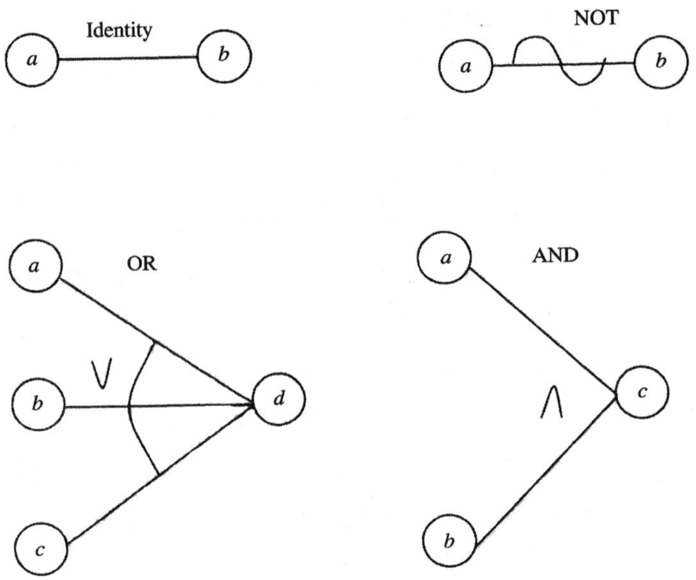

图4-5 基本的因果图符号

“因”如下：

1——第一列的字符是“A”
2——第一列的字符是“B”
3——第二列的字符是一个数字

“果”如下：

70——对文件做了更新
71——产生提示信息X12
72——产生提示信息X13

因果图如图4-6所示。请注意生成的中间结点11。通过设置“因”的全部可能状态，观察“果”得到了正确的值，就可以确认该图代表了规格说明。对于熟悉逻辑图的读者来说，图4-7是一个等价的逻辑电路。

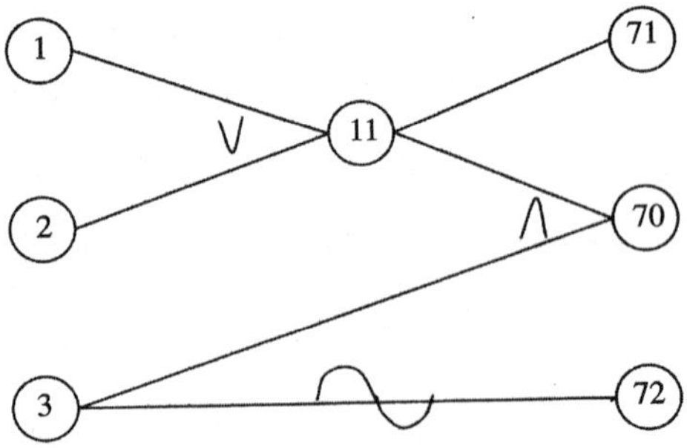

图4-6 因果图范例

尽管图4-6所示的因果图代表了规格

说明，但图中包含了一个不可能的原因组合，即原因1和原因2不可能同时设置为1。在大多数程序中，由于语法或环境的原因，某些原因的组合是不可能存在的（一个字符不能同时为“A”和“B”）。为了对此作出解释，我们采用图4-8所示的符号。约束E表示其必须总为真，而*a*和*b*最多只有一个为1（*a*与*b*不能同时为1）。约束I表示其为真时，*a*、*b*、*c*中至少有一个应为1（*a*、*b*、*c*不能同时为0）。约束O表示*a*、*b*中有且仅有一个必须为1。约束R表示如果*a*为1，*b*也必须为1（例如，*a*为1而*b*为0的情况是不可能的）。

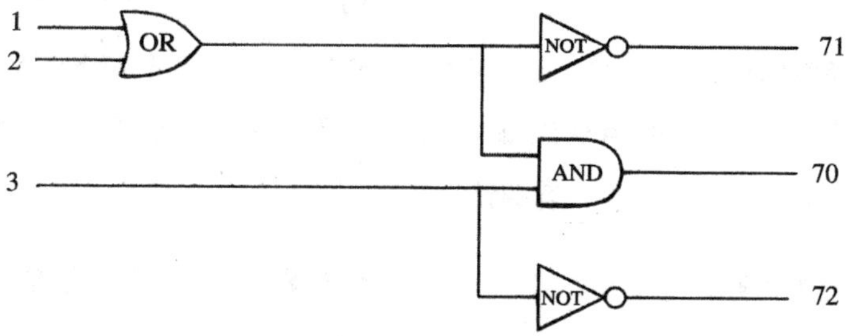

图4-7 与图4-6等价的逻辑图

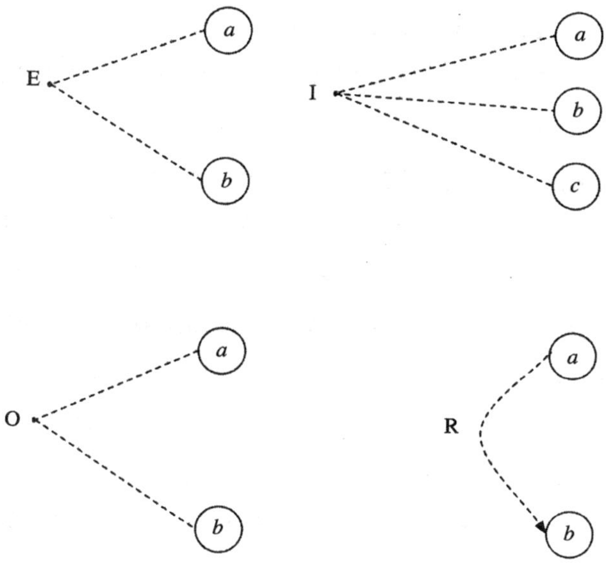

图4-8 约束符号

在结果之间通常需要建立约束关系。图4-9中的约束M表示，如果结果*a*为0，则*b*强制为0。

再回到前面那个简单例子中来，我们看到，原因1和原因2实际上是不可能同时成立的，而两者都不成立却是可能的。因此，它们之间应该用约束E来连接，如图4-10所示。

图4-9 “屏蔽”约束的符号

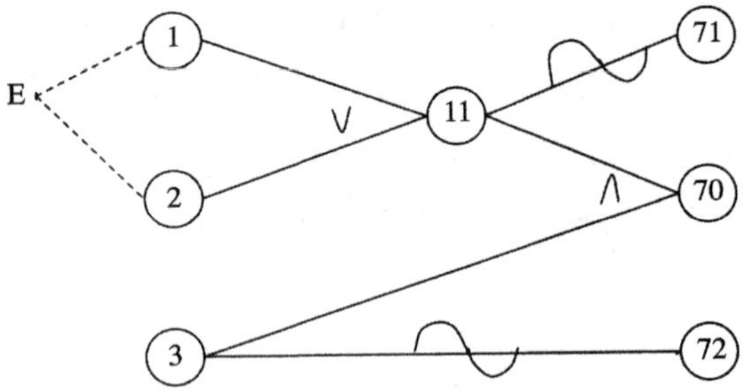

图4-10 带有“排斥性”约束条件的因果图范例

为了说明如何从因果图中导出测试用例，需要使用下面介绍的规格说明。该规格说明用于某个交互系统的一条调试命令。

DISPLAY命令用于从一个终端窗口中观察内存空间的内容。该命令的语法见图4-11。括弧表示可替换的可选操作对象。大写字母表示操作对象的关键字；小写字母表示操作对象的值（即要被取代的实际值）。带下划线的操作对象代表默认值（即操作对象默认时所使用的值）。

第一个操作对象(hexloc1)规定了待显示的内容的首字节地址。该地址可以是1～6位长度的十六进制（0～9，A～F）数。如果地址没有指定，默认地址为0。地址必须在机器实际内存地址的范围之内。

第二个操作对象规定了要显示的内存的数量。如果规定了hexloc2的值，也就确定了要显示的内存空间范围内的末字节地址。该地址可以是1～6位长度的十六进制数，且必须大于或等于起始地址（hexloc1）。同时，hexloc2也必须在机器实际内存地址的范围之内。如果定义了END，那么从起始位置（hexloc1）直到机器内存中最后字节的内容都将显示出来。如果规定了bytecount的值，也就规定了要显示的内存字节数量（从hexloc1指定的位置开始计算），该操作对象是一个十六进制整数（长度为1～6位）。bytecount与hexloc1之和不能超过实际的内存容量加1，而bytecount的值至少为1。

当显示内存内容时，在屏幕上按如下格式分一行或多行输出：

```
xxxxxx = word1 word2 word3 word4
```

xxxxxx是以十六进制表示的word1的地址。无论hexloc1为何值、或者要显示的内存容量是多大，总是显示整数个字（一个字由4个字节排列组成，字中首字节的地址是4的倍数）。每一输出行总是包含4个字（16个字节）。被显示范围的首字节包含在第一个字中。

可能产生的错误信息如下：

M1 无效的命令语法。

M2 所需内存超出了实际的内存范围。

M3 所需内存为0或为负数。

例如：DISPLAY 显示内存的前四个字（默认的起始位置为0，默认的字节数为1）。 DISPLAY 77F

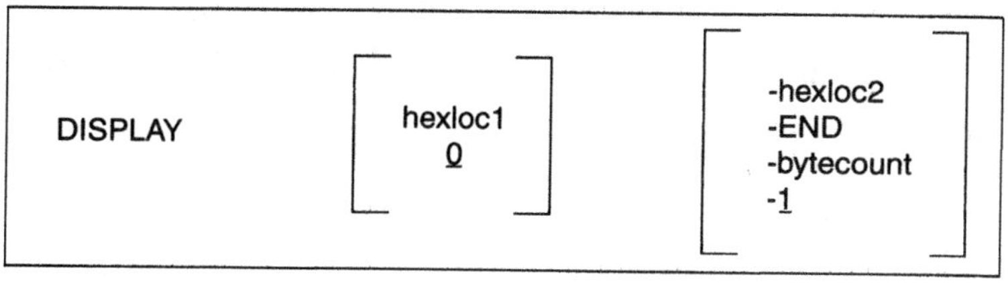

图4-11 DISPLAY命令的语法

显示首字节地址为77F的字以及后续的3个字。 DISPLAY 77F-407A 显示从字节77F～字节407A间的字。 DISPLAY 77F.6 显示从字节77F起六个字节的字。 DISPLAY 50FF-END 显示从字节50FF开始直到内存结束的字。

第一步骤是认真地分析规格说明以确定出“因”和“果”。“因”如下：

1. 存在第一个操作对象。
2. hexloc1操作对象仅包含十六进制数字。
3. hexloc1操作对象包含1～6个字符。
4. hexloc1操作对象在机器实际的内存范围之内。
5. 第二个操作对象为END。
6. 第二个操作对象为hexloc2。
7. 第二个操作对象为bytecount。
8. 第二个操作对象默认。
9. hexloc2操作对象仅包含十六进制数字。
10. hexloc2操作对象包含1～6个字符。

11. hexloc2操作对象在机器实际的内存范围之内。
12. hexloc2操作对象大于或等于hexloc1操作对象。
13. bytecount操作对象仅包含十六进制数字。
14. bytecount操作对象包含1～6个字符。
15. bytecount + hexloc1<= 内存容量 + 1。
16. bytecount >= 1。
17. 定义的内存范围大到足够要求显示多行输出。
18. 显示内存的起始位置不在字单元的边界位置。

每个“因”都按不同的数字进行了编号。注意，其中四个“因”（第5～第8）是第二个操作对象所必需的，因为第二个操作对象可能是：（1）END；（2）hexloc2；（3） bytecount；（4）不存在；（5）以上情况都不是。“果”如下：

91. 显示了信息M1。
92. 显示了信息M2。
93. 显示了信息M3。
94. 内存内容显示在一行上。
95. 内存内容显示在多行上。
96. 显示范围的首字节正好在字单元的边界位置。
97. 显示范围的首字节不在字单元的边界位置。

下一个步骤是建立因果图。“因”结点垂直排列在纸的左边，“果”结点垂直排列在纸的右边。应仔细分析规格说明所表达的意思，以便建立起“因”与“果”的连接关系（即说明在何种情况下产生何种结果）。

图4-12显示了因果图的最初形式。中间结点32表示一个语法上有效的第一个操作对象；结点35表示一个语法上有效的第二个操作对象；结点36表示一条语法上有效的命令。如果结点36为1，结果91（错误信息）就不会显示出来，反之就会显示。

完整的因果图如图4-13所示。应当仔细地研究该图，以确认它如实地反映了规格说明的内容。

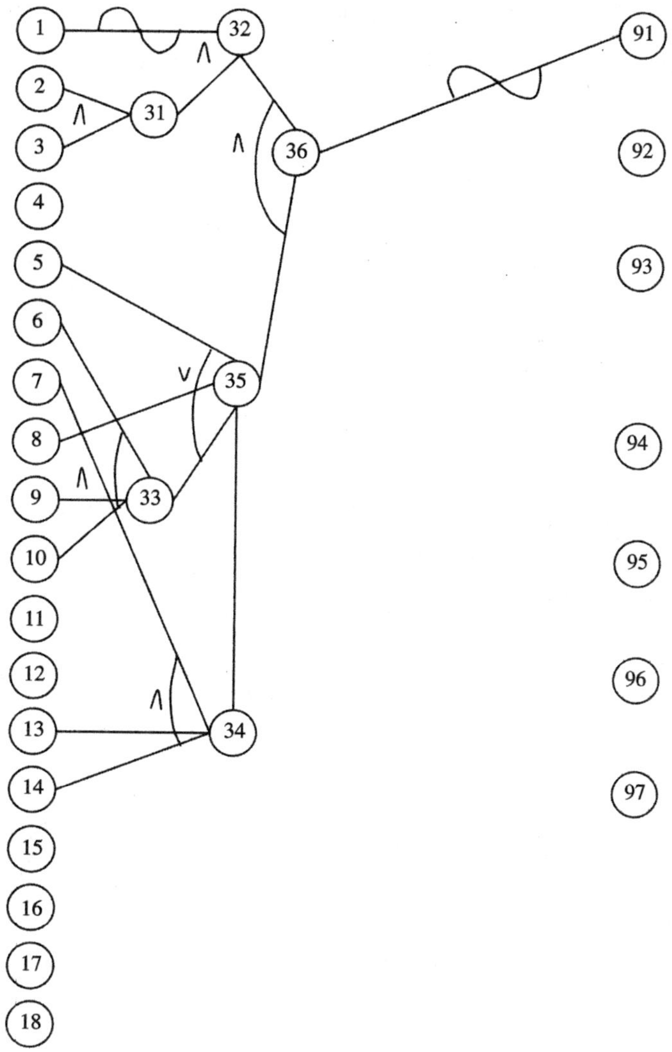

图4-12　DISPLAY命令的初样图

如果我们利用图4-13来生成测试用例，就会生成很多不可能实现的测试用例出来。原因是由于语法的制约，有些特定的原因组合是不可能的。举例来说，除非出现了原因1，原因2和原因3就不可能出现。而原因4只有当原因2和原因3都出现时才成立。图4-14显示的就是带有约束条件的完整的因果图。请注意，原因5、6、7、8中最多仅能出现一个。其余所有的原因约束条件都是“要求”关系[⊖]原因

⊖　require，即图4-8中的约束R。——译者注

17（多行输出）要求原因8（第二个操作对象默认）不成立；仅当原因8不出现时，原因17方才出现。再一次提醒，应该仔细地检查这些约束条件。

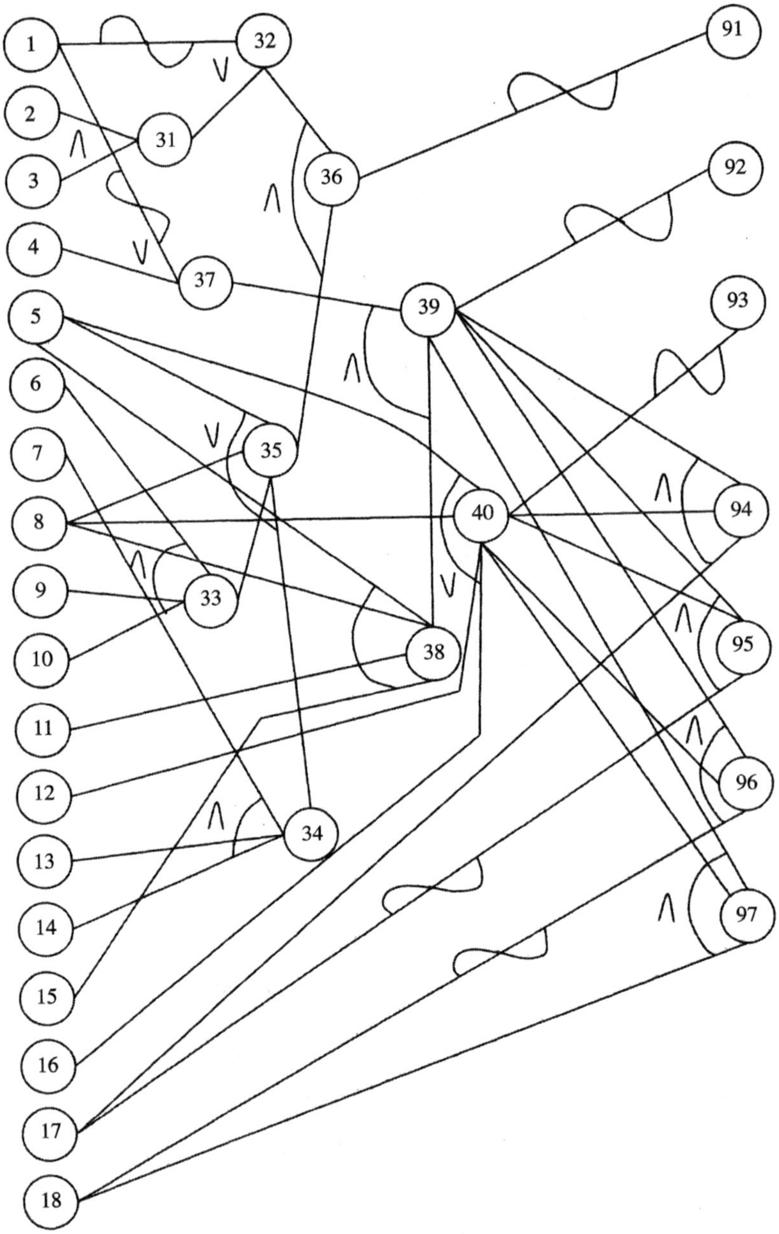

图4-13 不带约束条件的完整因果图

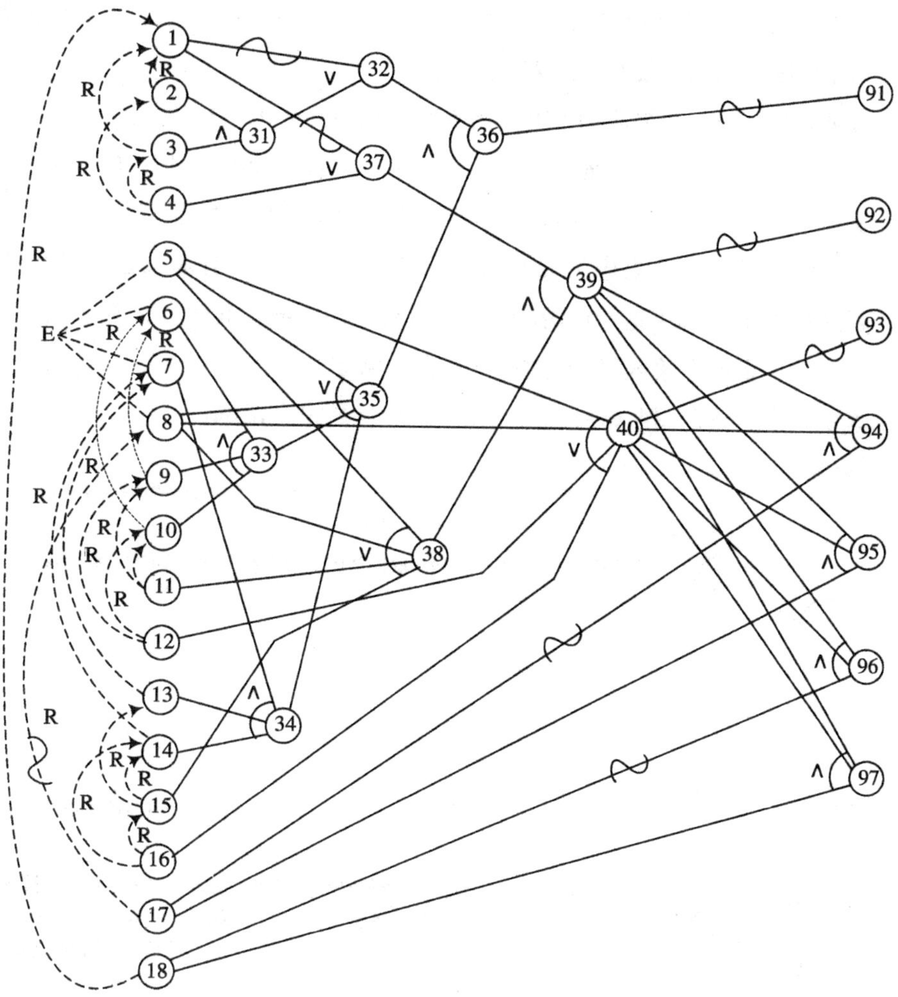

图4-14 DISPLAY命令的完整因果图

下一步骤是建立有限项的判定表。读者如果熟悉判定表的话，就会知道“因”是条件，而“果”是动作。采用的过程如下：

1. 选择一个“果”作为当前状态（1）。
2. 对因果图进行回溯，查找导致该“果”为1（根据约束条件）的所有“因”的组合。
3. 在判定表中为每个“因”的组合生成一列。
4. 对于每种“因”的组合，判断所有其他“果”的状态，并放置在每一列中。

在执行第2步时，需要做以下考虑：

1. 当回溯经过一个结果应为1的or结点时，不要同时将该or结点的一个以上的输入设置为1。这就是所谓的路径敏感性（path sensitizing），其目的是避免由于原因之间的屏蔽而漏掉某些错误。

2. 当回溯经过一个结果应为0的and结点时，显然应列举出导致结果为0的所有的输入组合情况。然而，如果碰到的情况是一个输入为0，其他的输入中有一个或更多为1，那么就无须罗列出其他输入可能为1的所有情况。
3. 当回溯经过一个结果应为0的and结点时，仅有一种所有输入皆为0的情况需要列举出来（如果这个and结点位于因果图的中部，其输入来自于其他中间结点，那么所有输入都为0的情况就会非常多）。

这些复杂的思路在图4-15中总结出来，图4-16是一个范例。

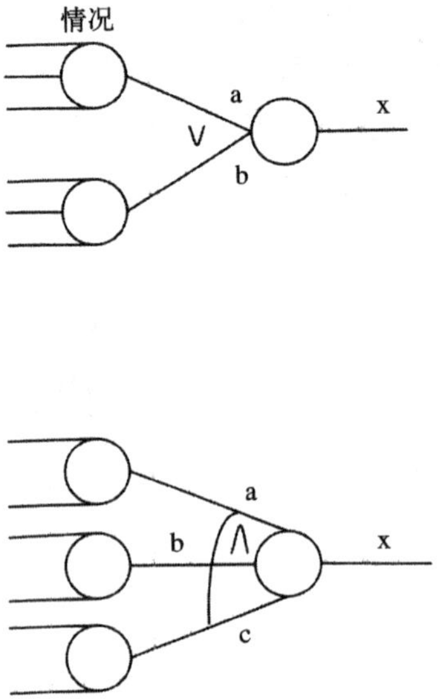

- 如果x取值为1，则无须考虑当a=b=1时的情况（第1种考虑）
- 如果x取值为0，则列举当a=b=0时的所有情况

- 如果x取值为1，则列举当a=b=c=1时的所有情况
- 如果x取值为0，仅需考虑当a=b=c=0时的情况（第3种考虑）。对于abc为001、010、100、011、101和110时，每种仅需考虑一种情况（第2种考虑）

图4-15　追溯因果图的思路

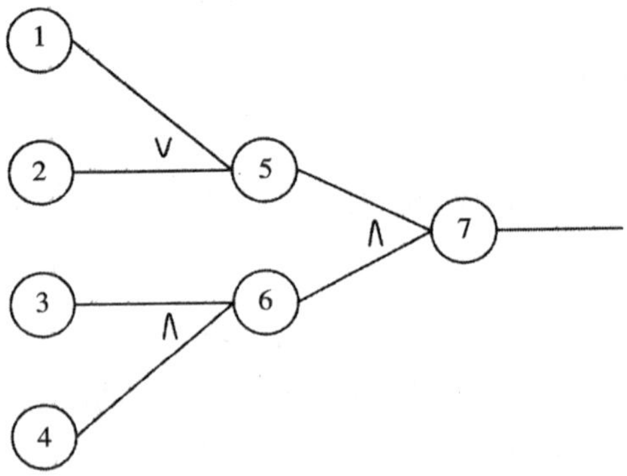

图4-16　描述追溯思路的因果图范例

假设我们需要找出所有导致输出状态为0的输入条件。根据上述第3条思路，我们只需列出一种情况，即结点5和结点6都是0的情况。根据第2条思路，对于结点5为1而结点6为0的情况，我们只需列出结点5为1的这一种情况，而不必罗列出结点5可能为1的所有情况。同样地，对于结点5为0而结点6为1的情况，我们也只需列出结点6为1的这一种情况（尽管在本例中只有一种）。根据第1条思路，当结点5应被设置为1时，我们不应将结点1和结点2同时设置为1。因此，举例来说，我们可以处于从结点1到结点4间的5种状态，而并非是从结点1到结点4间导致输出为0的13种可能的状态，其值如下：

0	0	0	0	(5=0, 6=0)
1	0	0	0	(5=1, 6=0)
1	0	0	1	(5=1, 6=0)
1	0	1	0	(5=1, 6=0)
0	0	1	1	(5=0, 6=1)

这些思路也许看起来反复无常，但都有一个重要的目标：即减少因果图中的组合关系。它们排除了会导致生成低效测试用例的状态。如果不能排除低效测试用例，那么一个因果关系复杂的大因果图会生成天文数字的测试用例。如果测试用例的数量大得不切合实际，就只得从中挑出一些子集来，而这又不能保证低效的测试用例会被排除在外。因此，最好在分析因果图的阶段就将其排除掉。

现在，可将图4-14所示的因果图转化为判定表。最先应选择结果91。当结点36为0时，才会出现结果91。当结点32和35为0，0；0，1或1，0时，结点36才会为0，此处可以应用第2条和第3条思路。通过对原因的回溯以及对原因间约束关系的考虑，可以找出导致结果91出现的原因组合，尽管这样做是个颇费力气的过程。

针对结果91出现的情况，其判定表如图4-17所示（第1列～第11列）。第1列～第3列（也是1～3号测试用例）代表结点32为0而结点35为1的情况，而第4列～第10列代表结点32为1而结点35为0的情况。根据第3条思路，在结点32和35皆为0的全部21种情况中只需确定一种（第11列）。表格中的空白处表示“无关紧要”的情况（即与该原因的状态并不相关），或指出由于其他相依赖原因的关系，该原因的状态是显而易见的（例如在第1列中，我们知道由于与原因6存在“至多一个”的关系，原因5、7和8必定为0）。

	1	2	3	4	5	6	7	8	9	10	11	12	13	14	15	16	17
1	1	1	1	1	1	1	1	1	1	1	1	1	1	1	1	1	1
2	1	0	0	1	1	1	1	1	1	1	1	1	1	1	1	1	1
3	0	1	0	1	1	1	1	1	1	1	0	1	1	1	1	1	1
4												1	1	0	0	1	1
5				0										1			
6	1	1	1	0	1	1	1				1	1			1	1	
7				0				1	1	1			1				1
8				0													
9	1	1	1		1	0	0				0	1			1	1	
10	1	1	1		0	1	0				1	1			1	1	
11												0			0	1	
12																0	
13								1	0	0			1				1
14								0	1	0			1				1
15													0				
16																	0
17																	
18																	
91	1	1	1	1	1	1	1	1	1	1	1	0	0	0	0	0	0
92	0	0	0	0	0	0	0	0	0	0	1	1	1	1	1	0	0
93	0	0	0	0	0	0	0	0	0	0	0	0	0	0	0	1	1
94	0	0	0	0	0	0	0	0	0	0	0	0	0	0	0	0	0
95	0	0	0	0	0	0	0	0	0	0	0	0	0	0	0	0	0
96	0	0	0	0	0	0	0	0	0	0	0	0	0	0	0	0	0
97	0	0	0	0	0	0	0	0	0	0	0	0	0	0	0	0	0

图4-17 生成的判定表的前半部分

第12列～第15列代表结果92出现了的情况。第16列～第17列代表结果93出现了的情况。图4-18描述了判定表的剩余部分。

最后一个步骤，是将判定表转化为38个测试用例。下面列举了一组38个测试用例。每个测试用例右边的数字指出期望出现的结果。我们假定所用计算机内存的最末地址是7FFF。

	18	19	20	21	22	23	24	25	26	27	28	29	30	31	32	33	34	35	36	37	38
1	1	1	1	1	0	0	0	0	1	1	1	1	1	1	1	0	0	0	1	1	1
2	1	1	1	1					1	1	1	1	1	1	1				1	1	1
3	1	1	1	1					1	1	1	1	1	1	1				1	1	1
4	1	1	1	1					1	1	1	1	1	1	1				1	1	1
5	1				1				1				1			1			1		
6			1				1				1			1			1			1	
7				1				1				1			1			1			1
8		1				1				1											
9			1				1				1			1			1			1	
10			1				1				1			1			1			1	
11			1				1				1			1			1			1	
12			1				1				1			1			1			1	
13				1				1				1			1			1			1
14				1				1				1			1			1			1
15				1				1				1			1			1			1
16				1				1				1			1			1			1
17	0	0	0	0	0	0	0	0	0	0	0	0	1	1	1	1	1	1	1	1	1
18	1	1	1	1	0	0	0	0	0	0	0	0	1	1	1	0	0	0	0	0	0
91	0	0	0	0	0	0	0	0	0	0	0	0	0	0	0	0	0	0	0	0	0
92	0	0	0	0	0	0	0	0	0	0	0	0	0	0	0	0	0	0	0	0	0
93	0	0	0	0	0	0	0	0	0	0	0	0	0	0	0	0	0	0	0	0	0
94	1	1	1	1	1	1	1	1	1	1	1	1	0	0	0	0	0	0	0	0	0
95	0	0	0	0	0	0	0	0	0	0	0	0	1	1	1	1	1	1	1	1	1
96	0	0	0	0	1	1	1	1	1	1	1	1	0	0	0	1	1	1	1	1	1
97	1	1	1	1	0	0	0	0	0	0	0	0	1	1	1	0	0	0	0	0	0

图4-18 生成的判定表的后半部分

```
1    DISPLAY 234AF74-123          (91)
2    DISPLAY 2ZX4-3000            (91)
3    DISPLAY HHHHHHHH-2000        (91)
4    DISPLAY 200 200              (91)
5    DISPLAY 0-22222222           (91)
6    DISPLAY 1-2X                 (91)
7    DISPLAY 2-ABCDEFGHI          (91)
8    DISPLAY 3.1111111            (91)
9    DISPLAY 44.$42               (91)
10   DISPLAY 100.$$$$$$$          (91)
11   DISPLAY 10000000-M           (91)
```

12	DISPLAY FF-8000	(92)
13	DISPLAY FFF.7001	(92)
14	DISPLAY 8000-END	(92)
15	DISPLAY 8000-8001	(92)
16	DISPLAY AA-A9	(93)
17	DISPLAY 7000.0	(93)
18	DISPLAY 7FF9-END	(94, 97)
19	DISPLAY 1	(94, 97)
20	DISPLAY 21-29	(94, 97)
21	DISPLAY 4021.A	(94, 97)
22	DISPLAY -END	(94, 96)
23	DISPLAY	(94, 96)
24	DISPLAY -F	(94, 96)
25	DISPLAY .E	(94, 96)
26	DISPLAY 7FF8-END	(94, 96)
27	DISPLAY 6000	(94, 96)
28	DISPLAY A0-A4	(94, 96)
29	DISPLAY 20.8	(94, 96)
30	DISPLAY 7001-END	(95, 97)
31	DISPLAY 5-15	(95, 97)
32w	DISPLAY 4FF.100	(95, 97)
33	DISPLAY -END	(95, 96)
34	DISPLAY -20	(95, 96)
35	DISPLAY .11	(95, 96)
36	DISPLAY 7000-END	(95, 96)
37	DISPLAY 4-14	(95, 96)
38	DISPLAY 500.11	(95, 96)

注意，在大多数情况下，如果对同样一组原因执行两个或更多的测试用例，为改进测试用例的效率，这些原因应取不同的值。还应注意到，由于受到实际存储空间的限制，第22号测试用例是不能实现的（就如同第33号测试用例，其产生的结果是95而不是94）。因此，最终确定了37个测试用例。

评语：因果图方法是一个根据条件的组合而生成测试用例的系统性的方法。可以替代这种方法的是特殊选取的条件组合，但在这个过程中，很可能会遗漏很多可由因果图方法确定的“令人感兴趣的”的测试用例。

由于因果图方法需要将规格说明转换为一个布尔逻辑网络，因此它使我们从不同的视角，以更多的洞察力来审视规格说明。事实上，建立因果图是一个暴露规格说明中模糊和不完整之处的好方法。举例来说，聪明的读者也许已经注意到，上文讨论的过程已经发现了DISPLAY命令规格说明中的一个问题。该规格说明规定，所有的输出行都包含4个字。然而，这并不是对所有的情况都成立；在测试用例18和26中就不会发生，因为其起始地址距内存最末位置不足16个字节。

尽管因果图方法确实能产生一组有效的测试用例，但通常它不能生成全部应该被确定的有效测试用例。举例来说，在上面的例子中，我们并未提到验证显示出来的内存值是否与内存中的实际值一致，也未提到对程序能否显示出内存空间中任何可能的值进行判断。另外，因果图方法没有充分考虑边界条件。当然，在此过程中我们可以尝试覆盖边界状态。例如，不将

$$hexloc2 \geqslant hexloc1$$

确定成一个"因"，而将其确定成两个"因"：

$$hexloc2 = hexloc1$$

$$hexloc2 > hexloc1$$

然而，这样做所带来的问题是使因果图急剧复杂化，导致生成的测试用例的数量非常庞大。鉴于此，最好是单独考虑边界值分析。举例来说，可以从DISPLAY命令规格说明中确定出下面的边界条件：

1. hexloc1为一位数字。
2. hexloc1为六位数字。
3. hexloc1为七位数字。
4. hexloc1 =0。
5. hexloc1 =7FFF。
6. hexloc1 =8000。
7. hexloc2为一位数字。
8. hexloc2为六位数字。
9. hexloc2为七位数字。
10. hexloc2 =0。
11. hexloc2 =7FFF。
12. hexloc2 =8000。
13. hexloc2 =hexloc1。
14. hexloc2 =hexloc1 + 1。
15. hexloc2 =hexloc1 - 1。
16. bytecount为一位数字。
17. bytecount为六位数字。
18. bytecount为七位数字。
19. bytecount =1。
20. hexloc1 + bytecount = 8000。
21. hexloc1 + bytecount = 8001。

22．显示16个字节（一行）。
23．显示17个字节（两行）。

注意，这并不意味着需要编写出60（37+23）个测试用例来。由于因果图方法给我们提供了选择操作对象具体值的灵活性，在由因果图生成测试用例时，可以将边界条件分析一并考虑进去。在上面的例子中，通过对最初37个测试用例的一部分进行重新编写，可以覆盖所有的23种边界条件，而且不必增加任何测试用例。因此，我们得到了一组虽然不多但却很有效的测试用例，并满足了两方面的目标。

注意，因果图方法是与本书第2章中的几个测试原则相一致的。确定每个测试用例的预期输出是因果图方法的固有部分（判定表中的每一列指明了预期的结果）。同时还应注意到，此方法鼓励我们查找未预料到的结果。举例来说，第1列（也是第1号测试用例）指出预期应出现结果91，而不应出现结果92至结果97。

此方法中最具难度的部分是将因果图转化为判定表。这个过程是有算法的，即意味着我们可以编写程序来自动完成这个过程。已经有些商业软件可以帮我们完成这一转化。

4.3　错误猜测

常常可以看到这种情况，有些人似乎天生就是干测试的能手。这些人没有用到任何特殊的方法（比如对因果图进行边界值分析），却似乎有着发现错误的诀窍。

对此的一个解释是这些人更多是在下意识中，实践着一种称为错误猜测的测试用例设计技术。接到具体的程序之后，他们利用直觉和经验猜测出错的可能类型，然后编写测试用例来暴露这些错误。

由于错误猜测主要是一项依赖于直觉的非正规的过程，因此很难描述出这种方法的规程。其基本思想是列举出可能犯的错误或错误易发情况的清单，然后依据清单来编写测试用例。例如，程序的输入中出现0这个值就是一种错误易发情况。因此，可以编写测试用例，检查特定的输入值中有0，或特定的输出值被强制为0的情况。同样，在出现输入或输出的数量不定的地方（如某个被搜索列表的条目数量），数量为“没有”和“一个”（例如空列表、仅包含一个条目的列表）也是错误易发情况。另一个思想是，在阅读规格说明时联系程序员可能做的假设来确定测试用例（即规格说明中的一些内容会被忽略，要么是由于偶然因素，要么是程序员认为其显而易见）。

由于无法给出一个规程来，次优的选择是讨论错误猜测的实质，最好的做法是举出实例。假设在测试一个排序程序，要探讨的情况如下：

- 输入列表为空。
- 输入列表仅包含一个条目。
- 输入列表所有条目的值都相同。
- 输入列表已经排过序。

换言之，上面列举出的这些特殊情况可能在程序设计时被忽略。如果要测试的是一个二进制搜索程序，需要检查的情况包括：(1) 被搜索的表中只有一个条目；(2) 表的大小是2的幂（如16）；(3) 表的大小是2的幂差1和2的幂多1（如15和17)。

想一想4.2.3“边界值分析”一节中的MTEST程序。当使用错误猜测方法之后，我们会想到以下增加的测试：

- 程序是否接受“空白”作为答案?
- 一个第2类型的记录（标准答案）出现在第3类型的记录集中（学生答案）。
- 除了首条记录（标题）外，存在最后一列中没有“2”或“3”的记录。
- 两位学生名字或编号相同。
- 由于中间值的计算根据数据项的数量是奇数还是偶数而有所不同，因此针对学生数量为奇数和偶数的情况分别对程序进行测试。
- “问题数量”域的值为负数。

对前一节中的DISPLAY命令，所想到的错误猜测测试如下：

```
DISPLAY 100- (第二个操作对象不全)。
DISPLAY 100. (第二个操作对象不全)。
DISPLAY 100-10A 42 (多余的操作对象)。
DISPLAY 000-0000FF (以0打头)。
```

4.4 测试策略

本章讨论的测试用例设计方法可以组合为一个整体的策略。之所以组合，原因现在已经很清楚了：每一种方法都可以提供一组具体的有用的测试用例，但是都不能单独提供一个完整的测试用例集。一组合理的策略如下：

1. 如果规格说明中包含输入条件组合的情况，应首先使用因果图分析方法。
2. 在任何情况下都应使用边界值分析方法。应记住，这是对输入和输出边界进行的分析。边界值分析可以产生一系列补充的测试条件，但是，也正如“因果图分析”一节所述，多数甚至全部条件都可以被整合到因果图分析中。

3. 应为输入和输出确定有效和无效等价类，在必要情况下对上面确认的测试用例进行补充。
4. 使用错误猜测技术增加更多的测试用例。
5. 针对上述测试用例集检查程序的逻辑结构。应使用判定覆盖、条件覆盖、判定/条件覆盖或多重条件覆盖准则（最后的一个最为完整）。如果覆盖准则未能被前四个步骤中确定的测试用例所满足，并且满足准则也并非不可能（由于程序的性质限制，某些条件的组合也许是不可能实现的），那么增加足够数量的测试用例，以使覆盖准则得到满足。

再一次声明，使用上述策略并不能保证可以发现所有的错误，但实践证明这是一个合理的折中方案。同时，它也代表了客观的艰巨工作量，虽然没人说软件测试是一件容易的事。

4.5 小结

攻击型的测试值得花精力尝试，一旦采纳，下一步的工作就是设计测试用例来充分检查你的程序。同时还应该考虑结合黑盒和白盒两种类型的测试以确保设计出来更精密的测试。

本章介绍了以下几种测试用例设计方法：

- 逻辑覆盖测试。该测试要求程序中的所有判断都应至少覆盖一次，同时每一条语句或者入口点都被执行一次。
- 等价类划分。通过定义条件和错误类来帮助减少测试的工作量。这种划分假设某分类的一个代表值能够等价于属于该分类的所有值或者条件。
- 边界值分析。测试等价类中每一个分类取边界值时的情况，既要考虑输入等价类，也要考虑输出等价类。
- 因果图。通过生成布尔图来诠释测试用例的可能结果，使用该法旨在帮助选择那些有效地测试用例达到比较完整的测试用例设计效果。
- 错误猜测。依靠直觉和测试专家经验来定位程序可能出错的地方，并由此设计出更高效的测试用例。

要做到广泛而深入的测试并非易事，而最最广泛的测试用例设计能够保证每个错误都有被曝光的机会。这意味着，对于那些打算做进一步深入测试的开发团队，如果他们在测试用例设计和测试结果分析上投入了足够的时间，对于发现的问题能够及时解决，那么最终收获的将是功能完善、可靠性高的软件，且在某种程度上可以说消灭了缺陷和错误。

第 5 章
Chapter 5

模块（单元）测试

到目前为止，我们在很大程度上忽视了软件测试的机制及被测程序的规模。然而，大型的软件程序（即超过500条语句或者50个类的程序）需要特别的测试对策。在本章中我们将探讨构建大型程序测试的第一个步骤：模块测试（或单元测试），而剩余的步骤将在本书第6章和第7章中介绍。

模块测试是对程序中的单个子程序、子程序或过程进行测试的过程，也就是说，一开始并不是对整个程序进行测试，而是先将注意力集中在对构成程序的较小模块的测试上面。这样做的动机有三个。首先，由于模块测试的注意力一开始集中在程序的较小单元上，因此它是一种管理组合的测试元素的手段。其次，模块测试减轻了调试（准确定位并纠正某个已知错误的过程）的难度，这是因为一旦某个错误被发现出来，我们就知道它在哪个具体的模块中。再次，模块测试为同时测试多个模块提供了可能，这将并行工程引入软件测试中。

模块测试的目的是将模块的功能与定义模块的功能规格说明或接口规格说明进行比较。为了再次强调所有测试过程的目的，这里的测试目标不是为了说明模块符合其规格说明，而是为了揭示出模块与其规格说明存在着矛盾。在本章中，我们从以下三个方面来探讨模块测试：

1. 测试用例的设计方式。
2. 模块测试及集成的顺序。
3. 对执行模块测试的建议。

5.1 测试用例设计

在为模块测试设计的测试用例时，需要使用两种类型的信息：模块的规格说明和模块的源代码。规格说明一般都规定了模块的输入和输出参数以及模块的功能。

模块测试总体上是面向白盒测试的。其中一个原因是如果对大一点的软件进行测试，例如一个完整的程序（其实是后续的测试过程所针对的对象），白盒测试不容易展开。第二个原因是，后续的测试过程着眼于发现其他类型的错误（举例来说，这些错误不一定与程序的逻辑结构有关，比如程序未能满足其用户需求）。因此，模块测试中测试用例的设计过程如下：

> 使用一种或多种白盒测试方法分析模块的逻辑结构，然后使用黑盒测试方法对照模块的规格说明以补充测试用例。

由于所需的测试用例设计方法已经在本书第4章中讨论过，我们在这里通过一个例子来描述这些方法在模块测试中的应用。假设我们要测试一个名为BOUNS的模块，其功能是为销售额最高的部门的雇员的薪水增加$2 000，但是如果某个符合条件的雇员的当前工资已经达到或超过了$150 000，则薪水只增加$1 000。⊖

对模块的输入情况如图5-1中的表格所示。如果模块正确完成了其功能，返回错误代码0。如果雇员表或部门表中不存在任何条目，模块将返回错误代码1。如果在某个符合条件的部门中未发现任何雇员，模块将返回错误代码2。

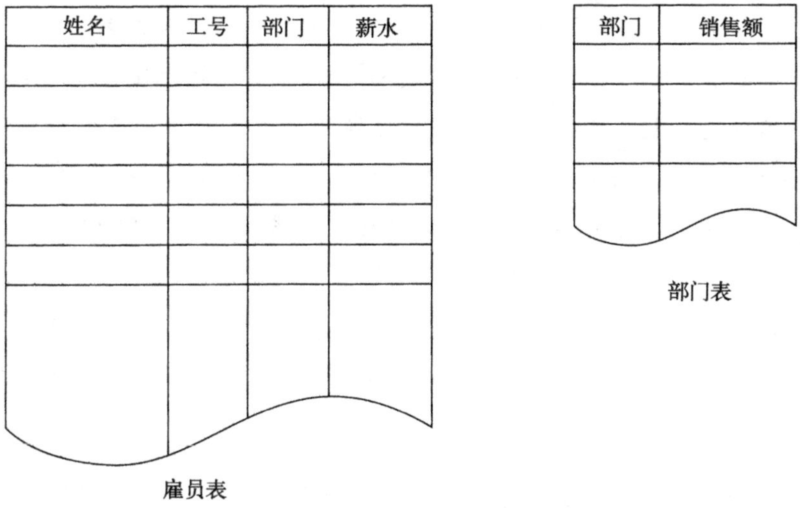

图5-1 BONUS模块的输入表

⊖ 这三个数据与图5-2源程序中的数据不一致，图是$200、$100。——译者注

模块的源程序如图5-2所示。输入参数ESIZE和DSIZE分别代表雇员表和部门表内条目的数量。该模块是用PL/1语言编写的，但下面的讨论整体上是与编程语言无关的；这些技术也可以用在其他语言编写的程序中。同时，由于本模块中的PL/1逻辑结构非常简单，实际上任何读者，甚至不熟悉PL/1的人也应该能够读懂程序。

PL/1背景资料

年轻的软件开发工程师可能从来就没有听过PL/1并认为这是一门已经过时了的编程语言，是的，今天的软件的确很少会有人使用PL/1来开发，但是对于那些还在运行着的使用PL/1实现的老系统，依旧需要有懂的人来维护。而且PL/1语言非常适合作为编程入门的教学语言。

PL/1（全称为Programming Language One），最初诞生于20世纪60年代，乃是IBM为其生产的IBM System/360（经典的大型机，总工程师就是《人月神话》的作者布鲁克斯——译者注）等大型机系列设计的开发环境，语言编程风格近似使用英文。计算机发展史中的这个时期，很多程序员都开始逐渐转移到一些面向专业领域的编程语言的开发上来，比如用来处理商务数据的COBOL、面向科学计算的Fortran语言。

PL/1缔造者们显然对这门语言抱有莫大的期望，其主要设计目标之一就是要成为可以媲美甚至超越COBOL和Fortran的开发者首选编程语言，同时还能提供更易上手的开发环境和更近似自然语言的语法特性（计算机语言的自我解释特征，Self Explaining——译者注）。现在看来，最初的梦想并未实现，不过早期的设计者显然做足了功课，其本身一直在不断完善和升级，并依旧应用在今天的一些环境之中。

到20世纪90年代中期，PL/1已经被扩展到更多的平台之上，包括OS/2、Linux、UNIX以及Windows，在新的操作系统上也还支持编译之前写的代码，提供了更多的功能和灵活性。

无论采用哪种逻辑覆盖方法，第一步都是要列举出程序中所有的条件判断。该程序中需要列出的对象是所有的IF和DO语句。通过对程序进行检查，我们可以看出所有的DO语句都是些简单的迭代，每一个迭代的上限都等于或大于初始值（意味着每个循环体总是会至少执行一次），而且退出循环的惟一方法是通过DO语

```
BONUS : PROCEDURE(EMPTAB,DEPTTAB,ESIZE,DSIZE,ERRCODE);
DECLARE  1  EMPTAB (*),
            2 NAME CHAR(6),
            2 CODE CHAR(1),
            2 DEPT CHAR(3),
            2 SALARY FIXED DECIMAL(7,2);
DECLARE  1  DEPTTAB (*),
            2 DEPT CHAR(3),
            2 SALES FIXED DECIMAL(8,2);
DECLARE  (ESIZE,DSIZE) FIXED BINARY;
DECLARE  ERRCODE FIXED DECIMAL(1);
DECLARE  MAXSALES FIXED DECIMAL(8,2) INIT(0); /*MAX. SALES IN DEPTTAB*/
DECLARE  (I,J,K) FIXED BINARY;            /*COUNTERS*/
DECLARE  FOUND BIT(1);  /*TRUE IF ELIGIBLE DEPT. HAS EMPLOYEES*/
DECLARE  SINC FIXED DECIMAL(7,2) INIT(200.00);  /*STANDARD INCREMENT*/
DECLARE  LINC FIXED DECIMAL(7,2) INIT(100.00);  /*LOWER INCREMENT*/
DECLARE  LSALARY FIXED DECIMAL(7,2) INIT(15000.00);   /*SALARY BOUNDARY*/
DECLARE  MGR CHAR(1) INIT('M');

ERRCODE=0;
IF(ESIZE<=0)|(DSIZE<=0)
   THEN ERRCODE=1;                  /*EMPTAB OR DEPTTAB ARE EMPTY*/
   ELSE DO;
      DO I = 1 TO DSIZE;            /*FIND MAXSALES AND MAXDEPTS*/
         IF(SALES(I)>=MAXSALES) THEN MAXSALES=SALES(I);
      END;
      DO J = 1 TO DSIZE;
         IF(SALES(J)=MAXSALES)         /*ELIGIBLE DEPARTMENT*/
            THEN DO;
               FOUND='0'B;
               DO K = 1 TO ESIZE;
                  IF(EMPTAB.DEPT(K)=DEPTTAB.DEPT(J))
                     THEN DO;
                        FOUND='1'B;
                        IF(SALARY(K)>=LSALARY)|CODE(K)=MGR)
                           THEN SALARY(K)=SALARY(K)+LINC;
                           ELSE SALARY(K)=SALARY(K)+SINC;
                        END;
               END;
               IF(-FOUND) THEN ERRCODE=2;
            END;
      END;
   END;
END;
```

图5-2　BONUS模块

句。因此，该程序中的DO语句无须特别关注，因为任何导致DO语句执行的测试用例最终都会使其进入两个方向的分支路径（即进入循环体和退出循环体）。因此，必须要进行分析的语句有：

```
2 IF (ESIZE<=0) | (DSIZE<=0)
6 IF (SALES(I) >= MAXSALES)
9 IF (SALES(J) = MAXSALES)
13 IF (EMPTAB.DEPT(K) = DEPTTAB.DEPT(J))
16 IF (SALARY(K) >= LSALARY) | (CODE(K) =MGR)
21 IF(-FOUND) THEN ERRCODE=2
```

得到了数量较少的判断后，我们可能会选择多重条件覆盖，但应该检查所有的逻辑覆盖准则（语句覆盖准则除外，其限制太多以至于不易于使用），看看它们的效果如何。

为了满足判定覆盖准则，我们需要设计充足的测试用例，来触发上述6个判断中每一个判断的全部输出结果。触发所有判定输出所需的输入状态列举在表5-1中。由于有两个输出结果总会发生，故需要测试用例触发的状态只有10个。注意，要建立表5-1，必须沿程序逻辑结构对判定输出的状态进行回溯，以判别相应的正确输入状态。例如，判断16不会被任何符合条件的雇员触发；雇员必须处在满足条件的部门之内。

表5-1 与判定输出对应的状态

判　定	正确结果	错误结果
2	ESIZE≤0 或者 DSIZE≤0	SIZE>0 并且 DSIZE>0
6	将至少发生一次	对DEPTTAB进行排序，使得具有较低销售额的部门排在具有较高销售额的部门之后
9	将至少发生一次	并非所有部门的销售额都相同
13	符合条件的部门内有一名雇员	有一名雇员不在符合条件的部门内
16	某个符合条件的雇员或是管理人员或薪水为LSALARY甚至更高	某个符合条件的雇员不是管理人员，并且其薪水低于LSALARY
21	所有符合条件的部门都没有雇员	符合条件的部门至少有一名雇员

表5-1中关注的10种情况可以被图5-3中所示的两个测试用例触发。注意，每个测试用例都包含了对预期输出的定义，这是符合本书第2章讨论的测试原则的。

<table>
<tr><th>测试用例</th><th>输　入</th><th>预期的输出</th></tr>
<tr><td>1</td><td>ESIZE = 0
其他全部输入互不相关</td><td>ERRCODE = 1
ESIZE、DSIZE、EMPTAB 和DEPTTAB
保持不变</td></tr>
<tr><td>2</td><td>ESIZE = DSIZE = 3
EMPTAB<table><tr><td>JONES</td><td>E</td><td>D42</td><td>21,000.00</td></tr><tr><td>SMITH</td><td>E</td><td>D32</td><td>14,000.00</td></tr><tr><td>LORIN</td><td>E</td><td>D42</td><td>10,000.00</td></tr></table>DEPTTAB<table><tr><td>D42</td><td>10,000.00</td></tr><tr><td>D32</td><td>8,000.00</td></tr><tr><td>D95</td><td>10,000.00</td></tr></table></td><td>ERRCODE = 2
ESIZE、DSIZE 和DEPTTAB 保持不变
EMPTAB<table><tr><td>JONES</td><td>E</td><td>D42</td><td>21,100.00</td></tr><tr><td>SMITH</td><td>E</td><td>D32</td><td>14,000.00</td></tr><tr><td>LORIN</td><td>E</td><td>D42</td><td>10,200.00</td></tr></table></td></tr>
</table>

图5-3 满足判定覆盖准则的测试用例

尽管这两个测试用例都满足判定覆盖准则，但很明显，该模块中仍可能存在着很多类型的错误不能通过这两个用例来发现。举例来说，这两个用例没有对错误代码为0、某名雇员是管理人员或部门表为空（DSIZE<=0）时的情况进行检查。

使用条件覆盖准则可以获得更为满意的测试效果。因此我们需要设计出足够的测试用例，来触发判断中每个条件的所有输出结果。触发所有输出结果的条件以及所需的输入情况列在表5-2中。由于两个输出结果总会出现，需要测试用例强制触发的状态有14个。这些状态同样可以仅被两个测试用例触发，如图5-4所示。

<table>
<tr><th>测试用例</th><th>输　入</th><th>预期的输出</th></tr>
<tr><td>1</td><td>ESIZE = DSIZE = 0
其他全部输入互不相关</td><td>ERRCODE = 1
ESIZE、DSIZE、EMPTAB 和
DEPTTAB 保持不变</td></tr>
<tr><td>2</td><td>ESIZE = DSIZE = 3
EMPTAB<table><tr><td>JONES</td><td>E</td><td>D42</td><td>21,000.00</td></tr><tr><td>SMITH</td><td>E</td><td>D32</td><td>14,000.00</td></tr><tr><td>LORIN</td><td>M</td><td>D42</td><td>10,000.00</td></tr></table>DEPTTAB<table><tr><td>D42</td><td>10,000.00</td></tr><tr><td>D32</td><td>8,000.00</td></tr><tr><td>D95</td><td>10,000.00</td></tr></table></td><td>ERRCODE = 2
ESIZE、DSIZE 和 DEPTTAB 保持不变
EMPTAB<table><tr><td>JONES</td><td>E</td><td>D42</td><td>21,000.00</td></tr><tr><td>SMITH</td><td>E</td><td>D32</td><td>14,000.00</td></tr><tr><td>LORIN</td><td>M</td><td>D42</td><td>10,100.00</td></tr></table></td></tr>
</table>

图5-4 满足条件覆盖准则的测试用例

图5-4所示的测试用例是设计用来说明某个问题的。由于它们的确可以触发

表5-2中列举的所有输出结果，因此它们满足条件覆盖准则，但是从满足判定覆盖准则的效果来看，它们要比图5-3中的测试用例集差一些。原因是它们没有执行到每条语句。举例来说，语句18就从没有被执行过。而且，它们也不比图5-3中的测试用例更全面，它们没有触发输出状态ERRORCODE=0。如果语句2错误地编写成(ESIZE=0)和(DSIZE=0)，这个错误就检查不出来。当然，其他的测试用例集可能会解决这个问题，但是图5-4中的两个测试用例确实可以满足条件覆盖准则，这个事实是存在的。

表5-2 与条件输出对应的状态

判　定	条　件	正确结果	错误结果
2	ESIZE≤0	ESIZE≤0	ESIZE > 0
2	DSIZE≤0	DSIZE≤0	DSIZE > 0
6	SALES(I)≥ MAXSALES	将至少发生一次	对DEPTTAB进行排序，使得具有较低销售额的部门排在具有较高销售额的部门之后
9	SALES(J) = MAXSALES	将至少发生一次	并非所有部门的销售额都相同
13	EMPTAB.DEPT(K) = DEPTTAB.DEPT(J)	符合条件的部门内有一名雇员	有一名雇员不在符合条件的部门内
16	SALARY(K)≥ LSALARY	某个符合条件的雇员其薪水为LSALARY甚至更高	某个符合条件的雇员其薪水少于LSALARY
16	CODE(K) = MGR	某个符合条件的职员是管理人员	某个符合条件的职员不是管理人员
21	-FOUND	某个符合条件的部门没有雇员	某个符合条件的部门至少有一名雇员

使用判定/条件覆盖准则可以克服图5-4中的测试用例存在的明显缺陷。这里，我们会提供足够多的测试用例，使得所有条件和判断的全部输出结果都至少被触发一次。让Jones当管理人员，Lorin当非管理人员，就可以实现这一点。这样做的结果是，将产生判断16的两个输出结果，从而使语句18得到执行。

然而，这样做存在一个问题，从根本上讲它并不比图5-3中的测试用例更完善。如果我们使用的编译器一旦判断出“或”表达式中某个操作对象结果为真，就停止检查该表达式，那么就会导致语句16中CODE(K)=MGR表达式永远得不到为真的结果。因此，如果该表达式编码不正确，这些测试用例无法发现此错误。

我们要讨论的最后一个准则是多重条件覆盖准则。这个准则要求设计出足够多的测试用例，以便将每个判断中的所有可能的条件组合至少触发一次。这项工作可以从表5-2开始。判断6、9、13和21每个都有两种组合；而判断2和16每个都有四种组合。设计测试用例的方法是挑选出一个测试用例覆盖到尽可能多的组合情况，然后再挑选出一个测试用例覆盖到尽可能多的剩余组合情况，依此类推。满足多重条件覆盖准则的测试用例集如图5-5所示。这个集合要比前面的测试用例集全面得多，也就意味着，我们应该开始就选择多重条件覆盖准则。

<table>
<tr><th>测试用例</th><th>输　入</th><th>预期的输出</th></tr>
<tr><td>1</td><td>ESIZE = 0 DSIZE = 0
其他全部输入互不相关</td><td>ERRCODE = 1
ESIZE、DSIZE、EMPTAB和DEPTTAB保持不变</td></tr>
<tr><td>2</td><td>ESIZE = 0 DSIZE > 0
其他全部输入互不相关</td><td>同上</td></tr>
<tr><td>3</td><td>ESIZE > 0 DSIZE = 0
其他全部输入互不相关</td><td>同上</td></tr>
<tr><td>4</td><td>ESIZE = 5 DSIZE = 4
EMPTAB
<table>
<tr><td>JONES</td><td>M</td><td>D42</td><td>21,000.00</td></tr>
<tr><td>WARNS</td><td>M</td><td>D95</td><td>12,000.00</td></tr>
<tr><td>LORIN</td><td>E</td><td>D42</td><td>10,000.00</td></tr>
<tr><td>TOY</td><td>E</td><td>D95</td><td>16,000.00</td></tr>
<tr><td>SMITH</td><td>E</td><td>D32</td><td>14,000.00</td></tr>
</table>
DEPTTAB
<table>
<tr><td>D42</td><td>10,000.00</td></tr>
<tr><td>D32</td><td>8,000.00</td></tr>
<tr><td>D95</td><td>10,000.00</td></tr>
<tr><td>D44</td><td>10,000.00</td></tr>
</table>
</td><td>ERRCODE = 2
ESIZE、DSIZE和DEPTTAB保持不变
EMPTAB
<table>
<tr><td>JONES</td><td>M</td><td>D42</td><td>21,100.00</td></tr>
<tr><td>WARNS</td><td>M</td><td>D95</td><td>12,100.00</td></tr>
<tr><td>LORIN</td><td>E</td><td>D42</td><td>10,200.00</td></tr>
<tr><td>TOY</td><td>E</td><td>D95</td><td>16,100.00</td></tr>
<tr><td>SMITH</td><td>E</td><td>D32</td><td>14,000.00</td></tr>
</table>
</td></tr>
</table>

图5-5　满足多重条件覆盖准则的测试用例

BONUS模块可能存在着大量的错误，即使是满足多重条件覆盖准则的测试用例也检查不出来，认识到这一点很重要。举例来说，没有测试用例会触发ERRORCODE返回值为0的情况，因此，如果语句1漏掉了，该错误就发现不到。如果LSALARY被错误地初始化为$150 000.01，这个错误也将无法发现。如果语句16中写的是SALARY(K)>LSALARY而不是 SALARY(K)>=LSALARY，这个错误也无法发现。同样，各种“仅差一个”错误（例如没有正确地处理DEPTTAB或EMPTAB表中最末的条目）能否检查出来，在很大程度上全凭运气。

现在有两个观点应该清晰了：多重条件覆盖准则要优于其他准则；任何逻辑

覆盖准则尚不足以胜任作为生成模块测试用例的惟一手段。因此，下一个步骤就是用一组黑盒测试用例来补充图5-5中的测试用例。要做到这一点，我们将BONUS模块的接口规格说明列举在下面：

PL/1模块BOUNS接收5个参数，分别是EMPTAB、DEPTTAB、ESIZE、DSIZE和ERRORCODE。这些参数的属性如下：

```
DECLARE 1 EMPTAB(*),     /*INPUT AND OUTPUT*/
      2 NAME CHARACTER(6),
      2 CODE CHARACTER(1),
      2 DEPT CHARACTER(3),
      2 SALARY FIXED DECIMAL(7,2);
DECLARE 1 DEPTTAB(*),     /*INPUT*/
      2 DEPT CHARACTER(3),
      2 SALES FIXED DECIMAL(8,2);
DECLARE (ESIZE, DSIZE) FIXED BINARY;      /*INPUT*/
DECLARE ERRCODE FIXED DECIMAL(1);     /*OUTPUT*/
```

模块假设传递的参数具有以上属性。ESIZE、DSIZE分别表示EMPTAB、DEPTTAB表中的条目数量，而EMPTAB、DEPTTAB表中的条目顺序未作任何假设。该模块的功能是为销售额（DEPTTAB.SALES）最高的一个或多个部门的雇员增加薪水（EMPTAB.SALARY）。如果某个符合条件的雇员当前工资已经达到或超过了\$150 000，或者该雇员为管理人员（EMPTAB.CODE=‘M’），则薪水只增加\$1 000，否则增加\$2 000。模块假设增加的薪水放入EMPTAB.SALARY中。如果ESIZE、DSIZE不大于0，则将ERRCODE设置为1，并且不进行任何操作。在所有其他情况下，完整地执行模块的功能。然而，如果某个具有最大销售额的部门没有雇员，程序继续执行，但将ERRCODE设置为2；否则设置为0。

上述规格说明并不适合于因果图分析方法（没有一组应检查其组合情况的能分辨出来的输入条件），因此采用边界值分析方法。确定的输入边界如下：

1. EMPTAB中条目数量为1。
2. EMPTAB中条目数量为最大值（65 535）。
3. EMPTAB中条目数量为0。
4. DEPTTAB中条目数量为1。

5. DEPTTAB中条目数量为最大值（65 535）。
6. DEPTTAB中条目数量为0。
7. 某个销售额最高的部门仅有1名雇员。
8. 某个销售额最高的部门有65 535名雇员。
9. 某个销售额最高的部门没有雇员。
10. DEPTTAB中所有部门的销售额相同。
11. 销售额最高的部门为DEPTTAB的第一条目。
12. 销售额最高的部门为DEPTTAB的最末条目。
13. 某个符合条件的雇员为EMPTTAB的第一条目。
14. 某个符合条件的雇员为EMPTTAB的最末条目。
15. 某个符合条件的雇员为管理人员。
16. 某个符合条件的雇员不是管理人员。
17. 某个不为管理人员且符合条件的雇员的薪水为$149 999.99。
18. 某个不为管理人员且符合条件的雇员的薪水为$150 000。
19. 某个不为管理人员且符合条件的雇员的薪水为$150 000.01。

输出边界如下：

20. ERRCODE=0。
21. ERRCODE=1。
22. ERRCODE=2。
23. 某个符合条件雇员增加后的薪水为$299 999.99。

使用错误猜测技术进一步确定的测试条件如下：

24. 在DEPTTAB中，某个没有雇员的销售额最大的部门其后跟着另一个有雇员的销售额最大的部门。

这用来判断当遇到ERRCODE=2的情况时，模块是否错误地终止对输入的处理。

评价一下这24种条件，其中条件2、5和8看起来像是不切实际的测试用例。由于它们所代表的条件不可能发生（在测试中作这种假设通常是很危险的，但在此处似乎比较安全），因此可以将它们排除掉。下一步是将剩下的21种条件与当前的测试用例集（图5-5）进行比较，判断哪些边界条件尚未被覆盖到。通过比较，我们发现需要为条件1、4、7、10、14、17、18、19、20、23和24设计图5-5中没有的测试用例。

再下一步是设计额外的测试用例以覆盖上述11种边界条件。一种方法是将这些条件合并到现有的测试用例中去（即对图5-5中的第4个用例进行修改），但我们不推荐这样做，因为这样做会打乱现有测试用例完整的多重条件覆盖。因此，最保险的方法是增加图5-5之外的测试用例。在这样做的过程中，我们的目标是使设计覆盖边界条件所需的最小数量的测试用例。图5-6中的三个测试用例实现了这一点。测试用例5覆盖了条件7、10、14、17、18、19和20，测试用例6覆盖了条件1、4和23，而测试用例7则覆盖了条件24。

测试用例	输　　入	预期的输出
5	ESIZE = 3 DSIZE = 2 EMPTAB ALLY | E | D36 | 14,999.99 BEST | E | D33 | 15,000.00 CELTO | E | D33 | 15,000.01 DEPTTAB D33 | 55,400.01 D36 | 55,400.01	ERRCODE = 0 ESIZE、DSIZE 和 DEPTTAB 保持不变 EMPTAB ALLY | E | D36 | 15,199.99 BEST | E | D33 | 15,100.00 CELTO | E | D33 | 15,100.01
6	ESIZE = 1 DSIZE = 1 EMPTAB CHIEF | M | D99 | 99,899.99 DEPTTAB D99 | 99,000.00	ERRCODE = 0 ESIZE、DSIZE 和 DEPTTAB 保持不变 EMPTAB CHIEF | M | D99 | 99,999.99
7	ESIZE = 2 DSIZE = 2 EMPTAB DOLE | E | D67 | 10,000.00 FORD | E | D22 | 33,333.33 DEPTTAB D66 | 20,000.00 D67 | 20,000.00	ERRCODE = 2 ESIZE、DSIZE 和 DEPTTAB 保持不变 EMPTAB DOLE | E | D67 | 10,000.00 FORD | E | D22 | 33,333.33

图5-6 BONUS 模块补充的边界值分析测试用例

在这里我们有理由相信，逻辑覆盖准则或白盒测试用例、图5-6所示的测试用例已实现对模块BONUS适度的模块测试。

5.2 增量测试

在执行模块测试过程中，我们主要有两点需要考虑：第一，如何设计一个有效的测试用例集，这在上一节已经讨论过；第二，将模块组装成工作程序的方式。第二点考虑很重要，因为它涉及以下内容：

- 模块测试用例的编写形式。
- 可能用到的测试工具类型。
- 模块编码与测试顺序。
- 生成测试用例的成本以及调试的成本。

简而言之，它非常重要。在这一节中，我们将讨论两类方法，增量测试和非增量测试。在下一节中，我们将探讨两种增量方法：自顶而下的和自底而上的开发或测试过程。

这里需要考虑的问题是：软件测试是否应先独立地测试每个模块，然后再将这些模块组装成完整的程序？还是先将下一步要测试的模块组装到测试完成的模块集合中，然后再进行测试？第一种方法称为非增量测试或“崩溃（big-bang）”测试，而第二种方法称为增量测试或集成。

图5-7所示的程序可作为一个例子。矩形框代表程序的6个模块（子程序或过程），连接模块间的线条代表程序的控制层次，也就是说，模块A调用模块B、C和D，模块B调用模块E等。作为传统方法的非增量测试是按如下方式进行的：首先，对6个模块中的每一个模块进行单独的模块测试，将每个模块视为一个独立实体。根据环境（例如，是人机交互式的，还是使用批处理计算工具）和参与人数，这些模块可以同时或按次序进行测试。最后，将这些模块组装或集成（例如“连接编辑”）为完整的程序。

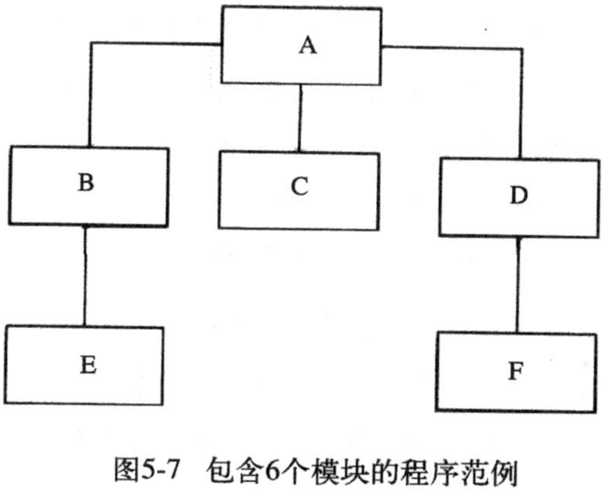

图5-7 包含6个模块的程序范例

测试单独的模块需要一个特殊的驱动模块（driver module）和一个或多个桩模块（stub module）。举例来说，测试模块B，首先要设计测试用例，然后将测试用例作为输入参数由驱动模块传递给模块B。驱动模块是人们编写的一个小模块，用来将测试用例驱动或传输到被测模块中（也可以用测试工具替代）。驱动模块还必须向测试人员显示模块B的结果。此外，由于模块B调用了模块E，所以还必须使用一个额外的组件，该组件在模块B调用模块E时接受模块B的控制指令。这就由桩模块来完成，它是一个被命名为“E”的特殊模块，用来模拟模块E的功能。

当所有6个模块的模块测试都完成之后，就将这些模块组装成完整的程序。

另一种可选择的方法是增量测试。不同于独立地测试每个模块，增量测试首先将下一个要测试的模块组装到前面已经测试过的模块集合中去。

现在要给出对图5-7所示的程序进行增量测试的步骤还为时太早，因为还有大量可能的增量方法。一个关键问题是我们究竟是从程序的顶部开始，还是从底部开始进行测试。由于这个问题将在下一节中讨论，我们暂且假设从底部开始测试。

第一步先测试模块E、C和F，可以并行测试（由三个人进行），也可串行进行。请注意，我们必须要为每个模块准备一个驱动模块，但不是桩模块。下一步是测试模块B和D，但不是单独地测试它们，而是分别将其与模块E和F组装在一起。换言之，要测试模块B，应编写驱动模块并集成测试用例，将模块B和E组合起来测试。将下一个要测试的模块组装到前面已经测试过的模块集合或子集中去，这个增长的过程会一直进行到测试完最后一个模块（本例中是模块A）为止。请注意，这个过程也可以自顶向下进行。

下面是几个显而易见的结论：

1. 非增量测试所需的工作量要多一些。对于图5-7所示的程序，需要准备5个驱动模块和5个桩模块（假设顶部的模块不需要驱动模块）。自底向上的增量测试需要5个驱动模块，但不需要桩模块。自顶向下的增量测试需要5个桩模块，但不需要驱动模块。增量测试所需的工作量要少一些，因为使用了前面测试过的模块来取代非增量测试中所需要的驱动模块（如果从顶部开始测试）或桩模块（如果从底部开始测试）。
2. 如果使用了增量测试，可以较早地发现模块中与不匹配接口、不正确假设相关的编程错误。这是由于尽早地对模块组合进行了集成测试。然而，如果采用非增量测试，只有到了测试过程的最后阶段，模块之间才能“互相看到”。

3. 因此，如果使用了增量测试，调试会进行得容易一些。我们假定存在着与模块间接口或假设相关的编程错误（根据经验而来的合理假设），那么，如果使用非增量测试，直到整个程序组装之后，这些错误才会浮现出来。到了这个时候，我们就难以定位错误，因为它可能存在于程序内部的任何位置。相反，如果使用增量测试，这种类型的错误就很容易发现，因为该错误很可能与最近添加的模块有关。
4. 增量测试会将测试进行得更彻底。如果当前正在测试模块B，要么是模块E，要么是模块A（取决于测试是从底部还是从顶部开始的）被当做结果而执行。虽然模块E或模块A先前已经进行了完全的测试，但将其作为B的模块测试结果而执行，则会诱发出一个新的情况，可能会暴露出先前测试过的模块E或模块A中存在的一个新缺陷。另一方面，如果使用的是非增量测试，对模块B的测试仅影响到其本身。换言之，增量测试使用先前测试过的模块，取代了非增量测试中使用的桩模块或驱动模块。因此，到最后一个模块测试完成时，实际的模块经受到了更多的检验。
5. 非增量测试所占用的机器时间显得少一些。如果使用自底向上的方法测试图5-7中的模块A，在执行A的过程中，模块B、C、D、E和F也会执行到。而在对模块A的非增量测试中，仅会执行模块B、C和E的桩模块。自顶向下的增量测试的情况也是如此。如果测试的是模块F，那么在执行模块F时还会执行模块A、B、C、D和E；而在对模块F的非增量测试中，仅有模块F的驱动模块与其一起执行。因此，完成一次增量测试所需执行的机器指令，显然多于采用非增量测试方法所需的指令。但此消彼长的是，非增量测试要比增量测试需要更多的驱动模块和桩模块，开发这些驱动模块和桩模块是要占用机器时间的。
6. 模块测试阶段开始时，如果使用的是非增量测试，就会有更多的机会进行并行操作（也就是说，所有的模块可以同时测试）。对于大型的软件项目（模块和人员都很多），这可能十分重要，因为在模块测试开始之时，项目的人员数量常常处于最高峰。

总的来说，第1条～第4条结论是增量测试的优点，而第5、6条结论是其不利之处。考虑到计算机行业当前的趋势（硬件成本已经降低而且势必会持续下去，硬件的功能不断增加，而人力劳动成本和软件错误的代价在不断增长），再考虑到错误发现得越早，改正它的成本也越低，我们会看到第1条至第4条结论的重要性日益突出，而第5条结论越来越显得不那么重要。如果有一个缺点的话，第6条结论似乎确是一个薄弱的缺点。从而我们可以得出结论，增量测试要更好一些。

5.3 自顶向下测试与自底向上测试

在上一节结论的基础上，即增量测试要优于非增量测试，本节将讨论两种增量测试策略：自顶向下的测试和自底向上的测试。然而在讨论它们之前，先要澄清几个误解。

首先，“自顶向下的测试”、“自顶向下的开发”和“自顶向下的设计”常用作近义词。“自顶向下的测试”和“自顶向下的开发”确实是同义词（表示安排模块的编码和测试顺序的策略），但“自顶向下的设计”则完全不同并且是独立的概念，按自顶向下模式设计的程序既可使用自顶向下的方式，也可使用自底向上的方式进行增量测试。

其次，自底向上的测试（或自底向上的开发）常被错误地当做非增量测试。原因在于自底向上的测试的开展方式与非增量测试是相同的（即对底层或终端模块进行测试），但是就如我们从上一节看到的那样，自底向上的测试是一种增量测试。

最后，由于两种策略都属于增量测试，因此增量测试的优点在这里就不再赘述，仅讨论自顶向下测试与自底向上测试的差异。

5.3.1 自顶向下的测试

自顶向下的测试是从程序的顶部或初始模块开始。测试开始之后，挑选哪一个后续模块进行增量测试没有惟一正确的方法；惟一的原则是：要成为合乎条件的下一个模块，至少一个该模块的从属模块（调用它的模块）事先经过了测试。

我们用图5-8来说明这种测试策略。A至L代表程序的12个模块。假定模块J包含程序的I/O读操作，而模块I包含I/O写操作。

第一步是测试模块A，测试要求必须编写出代表B、C和D的桩模块。遗憾的是，我们经常会错误理解桩模块的生成。作为佐证，我们可能经常会听到这样的说法，“一个桩模块仅需要写一条‘我们进行到了这一步’的信息”、“在很多情况下，模拟的桩模块仅仅只是存在而不起任何作用”。在大多数情况下，这些说法都是错误的。由于模块A调用模块B，模块A就需要模块B执行一些操作；这些操作很可能就是返回给模块A的结果（输出参数）。如果桩模块仅仅只是返回了控制，或显示一条出错信息却没有返回一个有意义的结果，模块A就会发生失效，这并不是由于模块A存在错误，而是因为桩模块未能模拟出相应的模块。此外，桩模块仅仅返回一个“已经连通（wired-in）”的结论是不够的。举例来说，让我们考虑编写一个桩模块，代表一个平方根程序、一个数据库表搜索程序、一个“获取相关主文件记录”程序或诸如此类的程序等。如果这个桩模块仅仅返回一条固定的“已经连通”输出，却没有返回调用模块此次调用所希望的特定值，那么调用模块将会发生失效或是产生一个混乱的结果。因此，编写桩模块是很关键的。

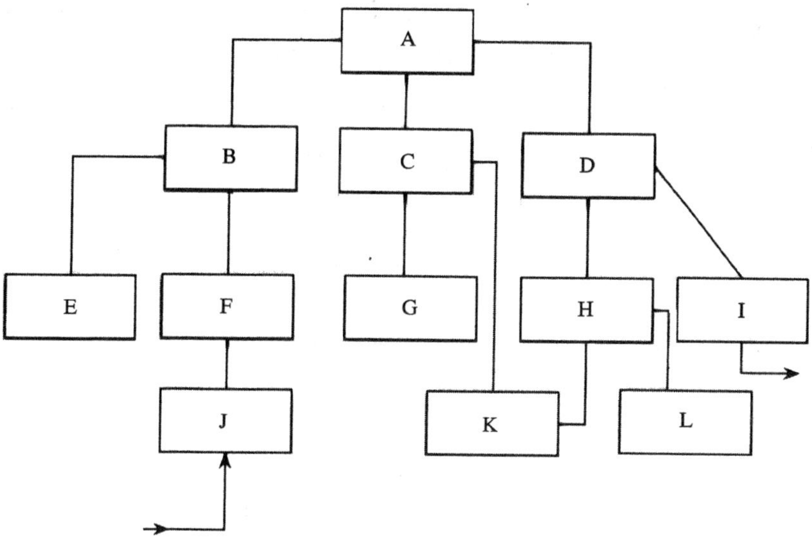

图5-8 包含12个模块的程序范例

另一个需要考虑的地方是采取什么样的形式将测试用例提交给程序，这是一个非常重要的问题，大多数对自顶向下测试的研究都没有提到这一点。在我们给出的例子中，存在这样的问题：如何向模块A提交测试用例？由于在典型的程序中，顶部模块既不接收输入参数，也不执行输入/输出操作，因此问题的答案不是显而易见的。答案是：测试数据是通过其一个或多个桩模块提交给模块（此处为模块A）的。为了说明这一点，假设模块B、C和D的功能如下：

B——获取事务文件的概要。

C——判断每周的状态是否满足限额。

D——生成每周总结报告。

那么自桩模块B返回的一个事务概要就是模块A的一个测试用例。桩模块D可能包含将其输入数据写到打印机的语句，这样就可以检查每一个测试的结果。

在本程序中还存在另一个问题。由于假定模块A仅调用模块B一次，问题是如何将多个测试用例提交给模块A。一个解决方法是编写出桩模块B的多个版本，每一个版本都将一个各不相同的有效测试数据集返回给模块A。为了执行这些测试用例，程序需要执行多次，每次都使用桩模块B的不同版本。另一种可选择的方法是将测试数据放置在外部文件中，由桩模块B读取并返回给模块A。根据前面的讨论，对于任何一种情况，开发桩模块通常要比实际理解的更为困难。而且，由于程序的特点所致，通过被测模块之下的多个桩模块来传送测试数据常常是必需的（即被测模块通过调用多个桩模块来获得要处理的测试数据）。

模块A测试完成之后，就用一个实际的模块代替其中的一个桩模块，而该模块需要的桩模块也被添加进来。举例来说，图5-9就显示了该程序的下一个版本。

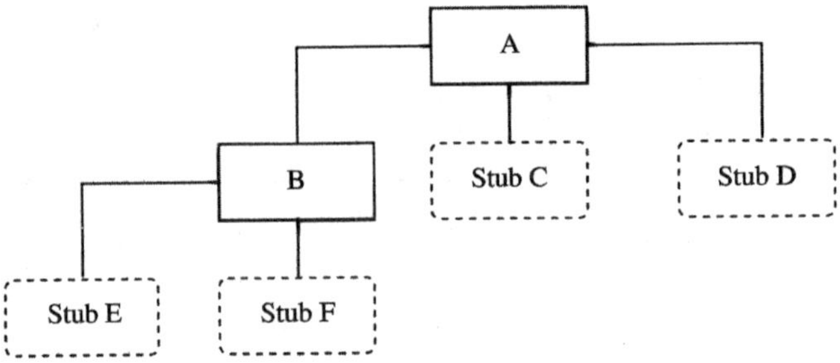

图5-9 自顶向下测试的第二个步骤

测试完顶部模块之后，接下来可能的测试序列有很多。举例来说，如果我们要执行所有的测试序列，大量可能的模块序列中的四个序列如下：

1. A B C D E F G H I J K L

2. A B E F J C G K D H L I

3. A D H I K L C G B F J E

4. A B F J D I E C G K H L

如果可以进行并行测试，可能还有其他的选择。举例来说，模块A测试结束之后，一位程序员可能会选取模块A，测试模块A-B的组合，另一位程序员可能会测试模块A-C的组合，而第三位程序员可能会测试模块A-D的组合。总的来说，不存在最佳的模块序列，但却有下面可供考虑的两项指南：

1. 如果程序中存在关键部分（例如模块G），那么在设计模块序列时就应将这些关键模块尽可能早地添加进去。所谓“关键部分”可能是某个复杂的模块、某个采用新算法的模块或某个被怀疑容易发生错误的模块。
2. 在设计模块序列时，应将I/O模块尽可能早地添加进来。

第一项指南的动机非常清楚，但第二项指南的动机则需要进一步的讨论。回想一下，桩模块的问题就是一部分桩模块须包含测试用例，而另一部分桩模块则须将其输入写到打印机中或显示出来。然而，接收程序输入的模块一旦被添加进来，测试用例的描述就相当简单了；其采用的形式就与最终程序接收的输入一样（例如，通过事务文件或终端）。相似地，一旦执行程序输出功能的模块被添加进来，桩模块中就可能无须再放置输出测试用例结果的代码。因此，如果模块J和模块I是I/O模块，而模块G执行某些关键操作，那么增长序列可能是：

A B F J D I C G E K H L

而第6个增量[⊖]之后，程序可能是如图5-10所示的形式。

一旦到达了如图5-10所示的中间阶段，测试用例的描述以及测试结果的检查就简单化了。由于有一个程序实际运行的框架版本，也就是执行实际的输入和输出操作，就带来了另一个好处。然而，桩模块依然模拟着部分“内幕”。这个早期的程序框架版本有以下优点：

- 可以使我们发现人为因素的错误和问题。
- 可以将程序演示给最终用户看。
- 证明程序的整体设计是合理的。
- 起到精神上的鼓舞作用。

然而另一方面，自顶向下策略还有一些严重缺陷。假定我们当前的测试状态如图5-10所示，下一步是用模块H取代桩模块H。这时（或更早一些）我们所要做的是使用本章前面所述的方法，为H设计一个测试用例集。但是请注意，这些测试用例采用的是向模块J的实际程序输入的形式。这带来了一些问题。

首先，由于在模块J和模块H之间存在中间模块（即模块F、B、A和D），我们会发现无法将测试过模块H中所有预先确定的情况的测试用例提交到模块J中去。

⊖ 即加入I。——译者注

举例来说，如果H是如图5-2所示的BOUNS模块，由于中间模块D的存在，就无法生成图5-5和图5-6中的7个测试用例中的部分用例。

其次，由于H和程序中测试数据引入点之间存在着“距离”，即使存在着测试全部状态的可能性，要决定往模块J中输入什么样的数据来测试到H中的所有状态，通常也是一项困难的脑力劳动。

最后，由于一个测试显示出来的输出可能来自于一个与被测模块相距甚远的模块，要将显示出来的输出与此模块的实际执行情况联系起来非常困难，甚至是不可能的。想象一下将模块E添加到图5-10中，每个测试用例的结果都取决于检查模块I的输出，但是由于存在着中间模块，要推演出模块E的实际输出（即返回给模块B的数据）可能是很困难的。

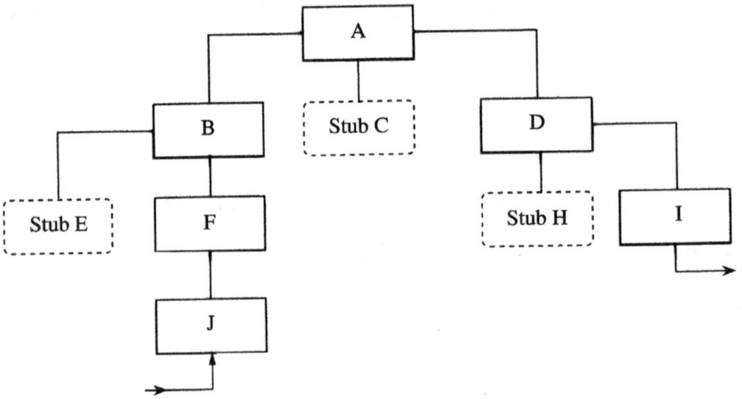

图5-10 自顶向下测试的中间状态

自顶向下的测试策略取决于其使用的方法，可能还存在两个更深层次的问题。人们会偶尔感觉到它可能与程序的设计阶段重叠。举例来说，如果我们正在设计如图5-8所示的程序，可能会觉得在最先的两个层次设计完成之后，在下面层次的设计进行的同时就可以对模块A至模块D进行编码和测试了。正如我们在其他地方所强调的那样，这往往不是明智之举。程序设计是一个迭代的过程，这意味着当我们在设计程序结构的较低层次时，可能会对较高层次进行合理的变更或改进。如果程序的较高层次已经完成了编码和测试，那么这些理想的改进就会被摈弃，最终成为一个不明智的决策。

实践中时常会发生的一个终极问题是，在进行到下一个模块前未能穷举测试此模块。这来自于两个原因：一是由于将测试数据嵌入桩模块中存在困难，二是由于程序的较高层次通常会为较低层次提供资源。在图5-8中，我们看到，对模块A的测试需要用到针对模块B的多个版本的桩模块。在实践中，我们会倾向于说“由于这需要投入很多工作，我现在就不执行模块A的所有测试用例，一直等到将模块J添加到程序中，此时引入测试用例就容易多了，我会记得在那时完成对模块A的测试”。当然，这里的问题是到了那个较晚的时间点，我们可能会忘记模块A中剩下的测试。另外，因为较高的层次常常会提供资源给较低层次（例如打开文件）使用，有时除非到了使用资源的低层次模块测试完成之后，我们很难判断这些资源提供得是否正确（例如，文件是否以正确的属性打开）。

5.3.2 自底向上的测试

下面讨论自底向上的增量测试策略。在大多数情况下，自底向上的策略与自顶向下的策略是相对立的；自顶向下测试的优点成为自底向上测试的缺点，而自顶向下测试的缺点又成为自底向上测试的优点。正因为这一点，我们对自底向上测试的介绍就简短一些。

自底向上的策略开始于程序中的终端模块（此类模块不再调用其他任何模块）。测试完这些模块之后，同样没有最佳的方法来挑选要进行增量测试的下一个模块；惟一正确的原则是，要成为合乎条件的下一个模块，该模块所有的从属模块（它调用的模块）都已经事先经过了测试。

回到图5-8，第一步是测试模块E、J、G、K、L和I中的部分或全部模块，既可以串行进行，也可以并行进行。要做到这一点，每一模块都需要一个特殊的驱动模块：即包含着有效的测试输入、调用被测模块且将输出显示出来（或将实际输出与预期输出作比较）的模块。有别于使用桩模块的情况，由于驱动模块可以交迭地调用被测模块，因此不需要为驱动模块提供多个版本。在大多数情况下，开发驱动模块要比开发桩模块更容易些。

如同前面的例子一样，影响测试序列的因素是模块的关键程度。如果我们觉得模块D和模块F最为关键，那么应该自底向上增量测试的某个中间状态可能如图5-11所示。接下来的步骤可能是测试模块E，然后再测试模块B，将模块B与先前测试过的模块E、F和J组装起来进行测试。

自底向上策略的一个不足是，它没有早期程序框架的概念。事实上，直到最后一个模块（模块A）被添加进来，才形成了可工作的程序，也就是完整的程序。

尽管I/O功能可以在整个程序集成之前进行测试（I/O模块在图5-11中用到），早期程序框架的优点在这里体现不出来。

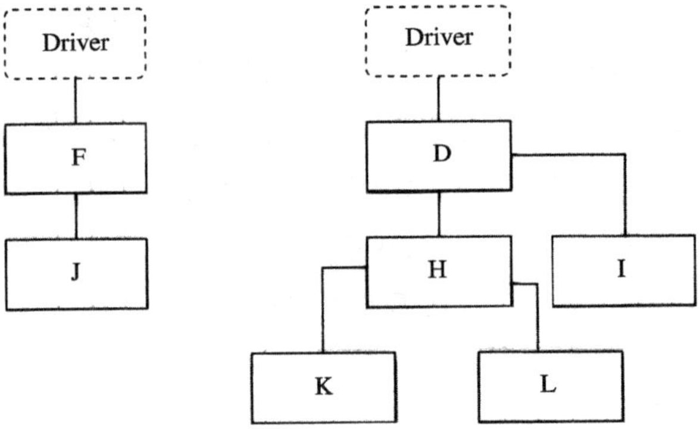

图5-11 自底向上测试的中间状态

自顶向下方法中无法建立所有测试环境的问题，在这里都不复存在。如果将驱动模块看做是一个测试探针的话，那么该探针是直接放入被测模块中去的，不会受到中间模块的困扰。检查一下与自顶向下方法相关的其他问题，我们再也不会作出让设计和测试重叠的不明智决定，因为自底向上的测试要直到程序底层设计完成之后方才开始。同样，在没有测试完一个模块之前就开始另一个模块测试的问题也不会存在，这是因为使用自底向上的测试不再有如何将测试数据绑定到桩模块中去的烦恼。

5.3.3 比较

如果自顶向下的方法和自底向上的方法，就像增量测试和非增量测试一样区别分明，那么比较起来很容易，但遗憾的是，情况并非如此。表5-3概括了它们之间相对的优点和不足（前面讨论过的两者皆有的优点除外，也就是增量测试的优点）。每种方法的第一个优点似乎是决定性的因素，但是也没有证据表明主要的缺陷会更容易发生在典型程序的顶部或底层。最保险的判断方法是，根据特定的被测程序，对表5-3中所示的各因素进行权衡。由于这里缺乏一个规程，自顶向下测试第四个缺点的严重后果，以及有可用的测试工具减少了对驱动模块而不是桩模块的需求，这样似乎给自底向上的策略带来了优势。

除此之外，自顶向下的方法和自底向上的方法很显然都不是惟一可能的增量测试策略。

表5-3　自顶向下测试与自底向上测试的比较

自顶向下测试	
优点： 1. 如果主要的缺陷发生在程序的顶层将非常有利 2. 一旦引入I/O功能,提交测试用例会更容易 3. 早期的程序框架可以进行演示，并可激发积极性	缺点： 1. 必须开发桩模块 2. 桩模块要比最初表现的更复杂 3. 在引入I/O功能之前，向桩模块中引入测试用例比较困难 4. 创建测试环境可能很难，甚至无法实现 5. 观察测试输出很困难 6. 使人误解设计和测试可以交迭进行 7. 会导致特定模块测试的完成延后
自底向上测试	
优点： 1. 如果主要的缺陷发生在程序的底层将非常有利 2. 测试环境比较容易建立 3. 观察测试输出比较容易	缺点： 1. 必须开发驱动模块 2. 直到最后一个模块添加进去，程序才形成一个整体

5.4　执行测试

接下来介绍模块测试的其他部分如何实际进行测试。这里我们给出了一系列操作的提示和指南。

当测试用例造成模块输出的实际结果与预期结果不匹配的情况时，存在两个可能的解释：要么该模块存在错误，要么预期的结果不正确（测试用例不正确）。为了将这种混乱降低到最小程度，应在测试执行之前对测试用例集进行审核或检查（也就是说，应对测试用例进行测试）。

使用自动化测试工具可以使测试过程中的枯燥劳动减至最小。举例来说，现在已有测试工具可以降低我们对驱动模块的需求。流程分析工具可以列举出程序中的路径、找出从未被执行的语句（“不可达”代码），以及找出变量在赋值前被使用的实例。

在准备模块测试时，重温一下本书第2章中讨论的心理学和经济学原则会有所裨益。如同本章前面所做的那样，记住对预期输出进行定义是测试用例必不可少的部分。在执行测试时，应该查找程序的副作用（即模块执行了某些不该执行操作的情况）。一般情况下，这些情况都是很难发现的，但如果在测试用例执行完之后，检查那些不应有变动的模块输入，可能会发现一些错误实例。举例来说，图5-7中的测试用例7声明ESIZE、DSIZE和DEPTTAB作为预期结果的一部分，不应发生变更。在执行此测试用例时，不仅要检查输出结果是否正确，还要检查ESIZE、DSIZE和DEPTTAB，判断它们是否被错误地修改了。

因个人试图测试自己编写的程序所带来的心理学问题，也适用于模块测试。程序员不应测试自己编写的模块，而应交换模块进行测试；编写调用模块的程序员始终是测试被调用模块的最佳候选人。注意，这仅仅适用于测试；对模块的调试一般应当由编程人员本人进行。

应避免随意丢弃测试用例，应将它们按某种格式记录下来，以便将来可以重新使用它们。回想一下图2-2中那个有悖于直观的现象，如果发现某一部分模块存在大量错误，那么很有可能这些模块甚至包含着更多的错误，只是尚未检查出来而已。这样的模块应该进行更进一步的测试，可能还需要进行额外的代码走查或检查。最后，记住模块测试的目的不是证明模块能够正确地运行，而是证明模块中存在着错误。

5.5　小结

本章讨论的单元测试技术对大型程序尤其有用。通过这种技术来测试程序的组件如子程序、子函数、类以及过程。单元测试用来检查软件的功能实现是否满足了规格说明书要求。单元测试是开发者编写可靠程序的重要技术，尤其是那些使用面向对象语言（如C#和Java）的开发者。单元测试和其他类型的测试有着同样的目标：找出程序不满足规格说明书的地方。除了需要阅读程序规格说明书，单元测试还需要了解模块（单元）的源代码。

单元测试是大规模的白盒测试（阅读第4章更多关于白盒测试以及测试用例设计相关内容）。彻底的单元测试设计需要使用增量策略，如自顶而下以及自底而上的技术。

在设计单元测试时，借助于第2章介绍的心理学以及经济学的相关知识会大有裨益。

最后还要多说一点：单元测试是比较彻底详尽的测试方法，而这只不过是刚刚开了一个头。接下来，第6章将会介绍更高级别的测试，第7章介绍可用性测试。

第6章
Chapter 6

更高级别的测试

完成了对程序的模块测试之后，整个测试过程才刚刚开始，对于大型或复杂的软件来说尤为如此。考虑下面这个重要概念：

当程序无法实现其最终用户要求的合理功能时，就发生了一个软件错误。

根据这个定义，即使完成了一次非常完美的模块测试，仍然不能保证已经找出了程序中的所有错误。因此，要结束整个测试任务，还必须进行其他形式的更深入的测试。我们将这些新形式的测试称为“更高级别的”测试。

软件开发过程在很大程度上是沟通有关最终程序的信息、并将信息从一种形式转换到另一种形式。由于这个原因，绝大部分软件错误都可以归因为信息沟通和转换时发生的故障、差错和干扰。

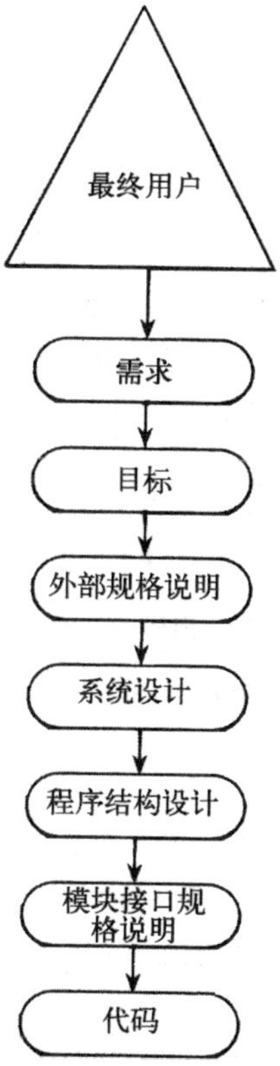

图6-1 软件开发过程

图6-1描述了软件开发的这个观点，它表示了一个软件产品开发周期的模型。过程的流程可归结为以下7个步骤：

1. 将软件最终用户的要求转换为一系列书面的需求。这些需求就是该软件产品要实现的目标。
2. 通过评估可行性与成本、消除相抵触的用户需求、建立优先级和平衡关系，将用户需求转换为具体的目标。
3. 将上述目标转换为一个准确的产品规格说明，将产品视为一个黑盒，仅考虑其接口以及与最终用户的交互。该规格说明被称为“外部规格说明”。
4. 如果该产品是一个系统，如操作系统、飞行控制系统、数据库管理系统或雇员人事系统等，而不仅是一个程序（编译器、工资程序、字处理程序等），那么下一步骤就是系统设计。该步骤将系统分割为单独的程序、部件或子系统，并定义它们的接口。

5. 通过定义每个模块的功能、模块的层次结构以及模块间的接口，来设计程序或程序集合的结构。
6. 设计一份准确的规格说明，定义每个模块的接口与功能。
7. 经过一个或更多的子步骤，将模块接口规格说明转换为每个模块的源代码算法。

以下是从其他角度来审视上述文档的形式：

- 需求规格说明定义了为什么要开发程序。
- 目标定义了程序要做什么，以及应做得怎样。
- 外部规格说明定义了程序对用户的准确表现。
- 与后续阶段相关的文档越来越详细地规定了程序是如何建立起来的。

假定软件开发周期的七个阶段包括了信息的沟通、理解和转换，以及大多数的软件错误都来源于信息处理中的故障，那么现在有三个补充的方法来预防或识别这些错误。

首先，我们可以使软件开发过程更加精密，以防其中出现很多错误；其次，在每个阶段结束时可以引入一个独立的验证过程，在进入下一个阶段之前尽可能多地发现问题。这种方法如图6-2所示。举例来说，对外部规格说明的验证可以通过与前一个阶段的输出（对目标的叙述）进行比较，然后将任何发现的错误反馈到外部规格说明定义过程中去。在第七阶段结束时，使用本书第3章讨论的代码检查和走查方法进行验证。

第三个方法是对不同的开发阶段采用不同的测试方法。也就是说，将每一个测试过程都重点针对一个特定的转换步骤，从而也

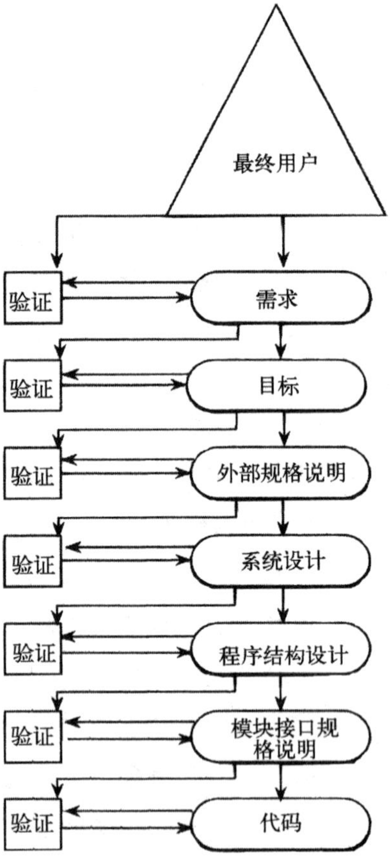

图6-2 包含中间验证步骤的开发过程

针对一类具体的错误。这种方法如图6-3所示。测试周期是模仿软件开发周期建立起来的，换言之，我们应该能够在开发过程和测试过程之间建立起一对一的联系。举例来说：

- 模块测试的目的是发现程序模块与其接口规格说明之间的不一致。
- 功能测试的目的是为了证明程序未能符合其外部规格说明。
- 系统测试的目的是为了证明软件产品与其初始目标不一致。

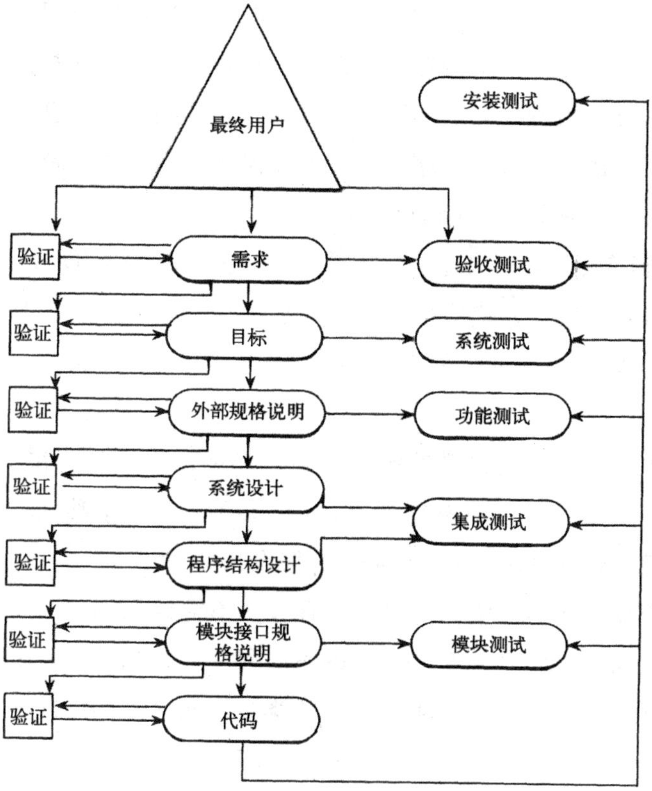

图6-3 开发过程与测试过程的对应关系

请注意我们是如何使用这些句子的："发现不一致"，"不符合"，"不一致"。记住我们进行软件测试的目标是发现问题（因为我们知道，问题就在那里的嘛！）。如果从一开始我们的定位就是为了证明软件接收某些形式的输入能够正常工作，或者假定程序符合规格说明和设计目标，那么这样的测试将存在先天性的缺憾。只有从一开始就试图证明某些形式的输入会导致软件不能正常工作，以及假定程序没有满足其规格说明和设计目标，这样的测试才可能做得彻底，而这也是贯穿本书始终的测试理念。

这种结构的好处是避免了没有效果的多余测试，并使我们不会遗漏掉大量的错误类型。举例来说，不能仅将系统测试定义为“对整个系统的测试”并且可能仅重复先前的测试，而是针对一种特定类型的错误（在将目标转换为外部规格说明时所犯的错误），并就开发过程中的特定类型的文档进行度量。

图6-3所示的更高级别的测试方法最适用于软件产品（作为合同的结果或面向广泛应用而编写的程序，与做试验用的或仅供作者本人使用的程序有所不同）。不作为产品而编写的程序常常没有正规的需求和目标；对于这些程序，功能测试可能就是惟一的更高级别的测试。同时，对更高级别测试的需求是与程序的规模一同增长的。这是由于在大型程序中，设计错误（在早期开发阶段所犯的错误）与编码错误之间的比率要比在小程序中的比率高很多。

注意，图6-3所示的测试过程顺序并不一定意味着严格的时间顺序。举例来说，由于系统测试并非定义为“功能测试之后进行的测试类型”，而是定义为一种特定类型的测试，关注于具体类型的错误，因此它很有可能与其他测试过程在时间上发生部分重叠。

在本章中，我们将讨论功能测试、系统测试、验收测试和安装测试的过程。在这里忽略了集成测试，因为集成测试往往并不作为一个独立的测试步骤，而且在进行增量模块测试时，它是模块测试的隐含部分。

我们将简要讨论这些测试过程，并且大多不提供范例，因为这些更高级别的测试所使用的特定测试技术是与具体的被测程序高度相关的。举例来说，对操作系统进行的系统测试的特点（测试用例的类型、测试用例设计的方式、使用的测试工具）与对编译器、核反应堆控制程序或数据库应用程序所进行的系统测试的特点有很大不同。

本章的最后几节将会讨论测试计划和测试组织等话题，以及决定何时终止测试这一重要问题。

6.1 功能测试

如图6-3所示，功能测试是一个试图发现程序与其外部规格说明之间存在不一致的过程。外部规格说明是一份从最终用户的角度对程序行为的精确描述。

除了在小程序中的使用情况之外，功能测试通常是一项黑盒操作。也就是说，要依赖早期的模块测试的过程来实现理想的白盒逻辑覆盖准则。

在进行功能测试时，需要对规格说明进行分析以提炼测试用例。本书第4章所讨论的等价类划分方法、边界值分析方法、因果图分析方法和错误猜测方法尤其适合于功能测试，实际上，第4章中的例子就是功能测试的范例。对FORTRAN语言的DIMENSION语句，考试评分程序以及DISPLAY命令的描述实际上就是一份规格说明。但是请注意他们并不是完全现实的例子，例如真正的评分程序的规格说明书应该包括对报告格式的准确描述（注意：因为我们在第4章讨论过了功能测试，所以这里不再举例赘述）。

本书第2章中的很多原则也特别适合于功能测试。跟踪哪些功能暴露出的错误数量最多，这个信息非常重要，因为他告诉我们这些功能很可能还包含着更多尚未发现的错误。应记住对无效和未预想到的输入条件给予足够的重视（回想一下，对于其结果的定义是测试用例的重要部分）。最后，应始终牢记功能测试的目的是为了暴露程序的错误以及发现程序与规格说明书中的不一致之处，而不是为了证明程序符合其规格说明书。

6.2 系统测试

系统测试最容易被错误理解，也是最困难的测试过程。系统测试并非是测试整个系统或程序功能的过程，因为有了功能测试，这样会显得多余。如图6-3所示，系统测试有着特定的目的：将系统或程序与其初始目标进行比较。给定这个目标之后，隐含两方面的含义：

1. 系统测试并不局限于系统。如果产品是一个程序，那么系统测试就是一个试图说明程序作为一个整体是如何不满足其目标的过程。
2. 根据定义，如果产品没有一组书面的、可度量的目标，系统测试也就无法进行。

在寻找程序与其目标之间的不一致的过程中，应重点注意那些在设计外部规格说明的过程中所犯的转换错误。系统测试因而成为一种关键的测试类型，因为就软件产品本身、所犯错误的数量及其严重性而言，开发周期的这个阶段是最易出错的。

这也暗示与功能测试的情况不同，外部规格说明不能作为获得系统测试用例的基础，否则就破坏了系统测试的目标。然而另一方面，也不能利用目标文档本身来表示测试用例，因为根据定义，这些文档并不包含对程序外部接口的准确描述。克服这一两难局面的方法是利用程序的用户文档或书面材料。通过分析目标文档来设计系统测试，分析用户文档来阐明测试用例。该方法能够产生两方面的作用，一是将程序与其目标和用户文档相比较，二是同时也将用户文档与程序目标相比较，如图6-4所示。

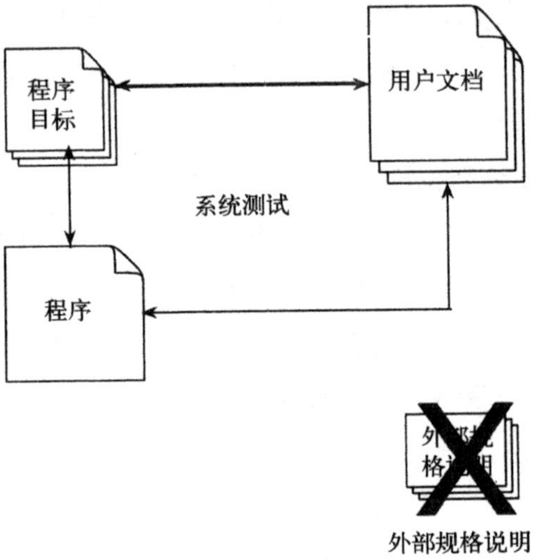

图6-4　系统测试

图6-4说明为什么系统测试是最困难的测试过程。图中最左边的箭头表示将程序与其目标进行比较，是系统测试的核心目的，但是没有说明使用什么样的测试用例设计方法。因为目标文档阐述了程序应该做什么、做到什么程度，却没有说明程序功能如何表现。举例来说，本书第4章中定义的DISPLAY命令的目标如下：

> 该命令用来从终端查看主存储空间中的内容，其语法应与所有其他系统命令的语法相一致。用户可以通过一个地址范围或者一地址加上一数值来定义空间范围。该命令操作符应具有合理的默认值。
>
> 命令的输出可以分多行显示多个字（以十六进制形式），字与字之间以空格相隔。每一行须包含该行第一个字的地址。该命令是条“不太重要的”指令，意味着其在合理的系统负载下，应在两秒之内开始显示输出，输出各行之间不应有可觉察的延时。命令处理器中发生的编程错误在最坏情况下可能导致该命令失效；而系统以及用户交互则不应受到影响。系统投入使用之后，命令处理器中包含的用户发现的错误不应超过一个。

目标虽已阐明，但并没有确认生成测试用例集的方法，仅有一些含糊却有用的指南来指导如何编写测试用例，以试图证明程序与目标文档中每一条语句都存在着不一致性。因此，系统测试采取了一种不同的测试用例设计方法；不是描述一项技术，我们讨论的是不同类型的系统测试用例。由于没有一个方法，系统测试需要大量的创造性；事实上，设计好的系统测试用例比设计系统或程序需要更多的创造性、智慧和经验。

表6-1列出了15种类型的测试用例的简短介绍，我们将在之后依次讨论。我们并非想说明这15种测试用例适合于任何程序，而是建议在设计测试用例时，为了避免有所遗漏，应考虑尽可能多的类型。

表6-1 测试用例的15个分类

分　类	说　明
能力测试	确保程序的目标功能实现
容量测试	发现处理大容量数据时的程序异常
强度测试	发现在大规模负载、高强度不间断持续的数据处理中的异常
可用性测试	评估最终用户在使用软件并与软件交互时的可用性问题
安全性测试	试图攻破程序的安全防线
性能测试	评估程序的响应时间以及吞吐量瓶颈
存储测试	确保程序可以正确处理其对存储的需求，包括系统的存储和物理上的存储
配置测试	检查程序是否能在推荐配置上流畅运行
兼容性/转换测试	评估新版本是否能兼容老的版本
安装测试	确保能够在所有支持的平台上安装软件
可靠性测试	评估程序是否能达到规格说明中的运行时常和MTBF（平均故障间隔时间）要求
可恢复性测试	测试系统恢复相关的功能是否按设计要求实现
服务/可维护性测试	评估系统是否拥有良好的数据处理和日志机制，以备技术支持和调试之需
文档测试	校验所有的用户文档是否准确
过程测试	对软件系统操作或维护所需涉及的流程进行评估和确定

6.2.1 能力测试

最明显的系统测试类型是判断目标文档提及的每一项能力（或功能，为了避免与功能测试发生混淆而不使用“功能”一词）是否都确实已经实现。能力测试的过程是逐条语句地检查目标文档，当某条语句定义了一个“要做什么”（例如，“语法应该一致……”、“用户应当可以指定一个空间范围……”等），就判断程序是否满足。此种类型的测试常常可以在不使用计算机的情况下进行；有时人工对目标和用户文档进行比较就足够了。尽管如此，利用问题检查单将有助于在下一次进行测试时，确保人工检查的目标是相同的。

6.2.2 容量测试

第二类系统测试是使程序经受大容量数据的检验。举例来说，编译器可能要编译规模非常庞大的源程序，连接编辑器可能需要处理一个包含上千模块的程序，电子电路模拟器可能要输入一个包含上千部件的电路，而操作系统的作业队列可能已经达到饱和的容量。如果程序需要处理跨越不同卷的文件，则应产生足够的数据使程序从一个卷转换到另一个中。换言之，容量测试的目的是为了证明程序不能处理目标文档中规定的数据容量。

由于容量测试显然需要大量的资源，鉴于对机器和工时的考虑，不可进行过多的容量测试。当然，每个程序应该至少进行几次容量测试。

6.2.3 强度测试

强度测试使程序承受高负载或强度的检验。这不应和容量测试发生混淆；所谓高强度是指在很短的时间间隔内达到的数据或操作的数量峰值。类似的情况是测试一名打字员。容量测试是判断打字员能否处理大篇幅的稿子，而强度测试则是判断打字员能否达到每分钟50个单词的速度。

由于强度测试涉及时间因素，因此，它不适用于很多程序，如编译器或批处理工资程序。然而，强度测试适用于在可变负载下运行的程序，以及交互式程序、实时程序和过程控制程序。假如某个空中交通控制系统要求在其区域内最多可跟踪200架飞机，则可以通过模拟200架飞机存在的情况来对其进行强度测试。由于在客观上无法避免第201架飞机进入该区域，因此需要进一步的强度测试，以考察系统对这个不速之客的反应。附加的强度测试则会模拟大量飞机同时进入该区域的情况。

如果操作系统要求支持最多15个多道程序的作业，则可尝试同时运行15个作业对其进行强度测试。可以让学员强行打左舵、后拉节流阀、放下襟翼、抬起机头、放下起落架、打开着陆灯并向左转弯等所有这些操作同时进行，观察系统如何反应，从而对飞行员训练模拟器进行强度测试（这个测试用例可能需要一个长着四只手的飞行员，或者现实一点，需要飞行座舱里有两个测试专家)。可以通过让所有被监视的过程同时产生信号，来对过程控制系统进行强度测试。当对电话交换系统进行强度测试时，可以让大量电话同时打入该系统。

基于Web的应用程序是最常接受强度测试的软件之一。在这里，我们需要确信的是应用程序及硬件能够处理一定容量的并发用户。读者可能会争辩说，也许有数百万人在同一时刻访问站点，但这是不现实的。我们需要弄清用户群，然后设计一个强度测试，体现出可能访问站点的最大人群的情况。本书第10章将提供关于测试基于Web应用程序的更多信息。

同样，你也可以对移动设备上（如移动手机）的应用程序进行压力测试，举一个手机压力测试的应用场景作为例子，打开大量的程序并保持运行状态，然后试着拨打或者接一个电话。你还可以打开GPS卫星导航程序（这通常会持续占用大量的CPU和无线电信号)，然后试着运行其他应用程序或者拨一个电话，看看能否正常响应（第11章对移动应用测试做了专题讨论)。

虽然有很多强度测试体现的是程序在运行过程中可能会遇到的情况，然而也有另一些强度测试确实体现了“不可能发生”的情况，但这并不意味这些测试是无用的。如果在这些不可能发生的情况中检查出了错误，那么这项测试就是有价值的，因为同样的错误也可能发生在现实的、强度稍低的环境中。

6.2.4 可用性测试

另一种重要的测试就是可用性测试，又叫用户体验测试。尽管该测试技术差不多有30年的历史，但是直到近几年随着越来越多基于用户界面的程序的涌现以及计算机软硬件的普及才逐渐焕发青春，其重要性也日益凸显。通过发动最终用户在真实环境下对应用程序进行测试，一些即使在大规模的自动化测试中没发现的问题都有可能被挖掘出来。鉴于可用性测试的重要性，我们将在下一章专门讨论。

6.2.5 安全性测试

由于社会对个人隐私的日益关注，许多软件都有特别的安全性目标。安全性测试是设计测试用例来突破程序安全检查的过程。举例来说，我们可以设计测试用例来规避操作系统的内存保护机制，破坏数据库管理系统的数据安全机制。设计此种测试用例的方法之一是研究类似系统中已知的安全问题，然后生成测试用例，尽量暴露被测系统存在相似问题。例如，在杂志、聊天室和新闻组中发布的资料，经常包含有操作系统或其他软件系统的已知错误。通过在与被测软件提供相似服务的现有系统中搜寻安全漏洞，可以设计测试用例来判断软件是否受到类似问题的困扰。

基于Web的应用程序常常比绝大多数程序所需的安全测试级别更高。对于电子商务网站尤其如此。尽管已经有了足够多的技术（例如密码学）允许客户在因特网上安全地完成交易，但不能单纯依赖技术的应用来确保安全。除此之外，我们必须向客户群证明软件是安全的，否则就会有失去客户的风险。另外，本书第10章提供了更多的有关基于因特网的应用程序的安全性测试的资料。

6.2.6 性能测试

很多软件都有特定的性能或效率目标，这些特性描述为在特定负载和配置环境下程序的响应时间和吞吐率。再一次强调，由于系统测试的目的是为了证明程序不能实现其目标，因此应设计测试用例来说明程序不能满足其性能目标。

6.2.7 存储测试

类似地，软件偶尔会有存储目标，举例来说，可能描述了程序使用的内存和辅存的容量，以及临时文件或溢出文件的大小，应设计测试用例来证明这些存储目标没有得到满足。

6.2.8 配置测试

诸如操作系统、数据库管理系统和信息交换系统等软件都支持多种硬件配置，包括不同类型和数量的I/O设备和通信线路，或不同的存储容量。通常可能的配置数量非常之大，以至于测试无法面面俱到，但是至少应该使用每一种类型的设备，以最大和最小的配置来测试程序。如果软件本身的配置可忽略掉某些程序组件，或可运行在不同的计算机上，那么该软件所有可能的配置都应测试到。

如今的很多软件都设计成可运行在多种操作系统下，因此如果测试此类程序，应该在该程序面向的所有操作系统环境中对其进行测试。对设计在Web浏览器里运行的程序，需要特别的注意，因为Web浏览器的种类繁多，并不是所有浏览器都按同样方式运行。除此之外，即使是同一种Web浏览器，在不同的操作系统之下，运行方式也会不同。

6.2.9 兼容性/转换测试

大多数开发的软件都并不是全新的，常常是为了替换某些不完善的系统。这样的软件往往有着特定的目标，涉及与现有系统的兼容以及从现有系统的转换过程。再次强调，在针对这些目标测试程序时，测试用例的目的是证明兼容性目标未被满足，转换过程并未生效。在将数据从一个系统转移到另一个系统时，应尽力发现错误。升级数据库管理系统就是一个例子。需要确定现有的数据安置到了新的系统中。有很多不同的方法测试这个过程；但这些方法都高度依赖于所使用的数据库系统。

6.2.10 安装测试

有些类型的软件系统安装过程非常复杂。测试安装过程是系统测试中的一个重要部分。对于包含在软件包中的自动安装系统而言，这尤其重要。安装程序如果出现故障，会影响用户对软件的成功体验。用户的第一次体验来自于安装软件的过程。如果这个过程进行得很糟糕，用户或顾客就要么寻找其他的产品，要么对软件的有效性不抱太大信心。

6.2.11 可靠性测试

当然，所有类型的测试都是为了提高软件的可靠性，但是如果软件的目标中包含了对可靠性的特别描述，就必须设计专门的可靠性测试。测试可靠性目标可能很困难。举例来说，诸如公司广域网（WAN）或因特网服务供应商（ISP）等现代在线系统在整个运行期间，正常运行时间应占99.97%。我们现在还不太可能花上数月甚至数年的时间来测试这个目标。今天的关键软件系统的可靠性标准甚至更高，而现今的硬件可以令人信服地保障这个目标的实现。但如果软件或系统有更为适中的平均故障间隔时间（MTBF）目标或合理的（以测试而言）功能错误目标，就有可能对其进行测试。

例如，MTBF值不超过20个小时，或者系统目标是程序在投入使用之后暴露的不同错误的数量不得超过12个，那么就可以进行测试，特别是使用了统计的、程序验证的或基于模型的测试方法之后。这些方法都超出了本书的范围，但有些技术文献（网上或其他方面的）对这个领域提供了充分指导。

举例来说，如果读者对软件测试的这个领域感兴趣，可以研究归纳断言的概念。这种方法的目的是设计出有关被测软件的一系列定理，作为判断软件中不存在错误的依据。这种方法首先要对程序的输入条件及其正确结果编写断言。断言用形式逻辑的符号表示，通常是一阶谓词演算。然后需要确定程序中的每个循环，对于每一个循环都写一个断言，描述出在循环中任意点都不变的（总为真）条件。程序现在已经被划分为固定数量的固定长度的路径（在成对的断言中的全部所有路径）。对于每一条路径，取中间程序语句的语义来修改断言，最终到达路径的终点。此时在路径的终点处存在着两条断言：原先的断言以及从路径的另一个终点处断言引申出的断言。然后写出一条定理，说明原先的断言隐含着引申出的断言，并试图证明这个定理。如果能够证明该定理，就可以认为该程序不存在错误——只要程序最终能够结束。需要单独的证明来说明程序总会结束。

虽然此种类型的软件证明或预测听起来非常复杂，但可靠性测试及软件可靠性工程（SRE）的概念已经为我们所认识，并且对于那些必须维持非常高的正常运行时间的系统，其重要性日益增加。为了说明这一点，请查看表6-2中某个系统为支持不同的正常运行时间的需要而每年必须达到的运行小时数。这些数字能够说明对SRE的需求。

表6-2　不同正常运行时间要求的小时数/年

正常运行时间的比例需求	要求的运行小时/年
100	8760.0
99.9	8751.2
98	8584.8
97	8497.2
96	8409.6
95	8322.0

6.2.12　可恢复性测试

诸如操作系统、数据库管理系统和远程处理系统等软件通常都有可恢复性目标，说明系统如何从程序错误、硬件失效和数据错误中恢复过来。系统测试的一个目标是证明这些恢复机制不能够正确发挥作用。我们可以故意将程序错误置入某个系统中，判断系统是否可以从中恢复。诸如内存校验错误或I/O设备错误等硬件错误也可以进行模拟，而如通信线路中的噪音或数据库中的无效指针等数据错误可以故意生成或模拟出来，以分析系统的反应。

这些系统的设计目标之一是使平均恢复时间（MTTR）最小。系统宕机往往会减少公司的收入。我们的一个测试目标是证明系统不能满足MTTR的服务合同。MTTR往往有上界和下界，所以测试用例应反映出这些界限。

6.2.13 服务/可维护性测试

软件还可能有服务或可维护性的目标。所有的此类目标都必须测试到。这些目标可能定义了系统提供的服务辅助功能，包括存储转存程序或诊断程序、调试明显问题的平均时间、维护过程以及内部业务文档的质量等。

6.2.14 文档测试

如同我们在图6-4中所描述的那样，系统测试也需要检查用户文档的正确性。完成此任务的主要方法是根据文档来确定系统测试用例的形式。也就是说，一旦设计完成某个具体的测试情况，应该使用文档来作为编写实际测试用例的指南。同时，用户文档应成为审查的对象（类似于本书第3章中的代码审查的概念），检查其正确性和清晰性。在文档中描述的任何范例应编成测试用例，并提交给程序。

6.2.15 过程测试

最后，很多软件都是较大系统的组成部分，这些系统并不完全是自动化的，包含了很多人员操作过程。在系统测试中，必须对所有已规定的人工过程，如系统操作员、数据库管理员或最终用户的操作过程进行测试。

举例来说，数据库管理员必须记录备份和恢复数据库系统的操作过程。在可能的情况下，应由与数据库管理不相关的人来测试这些过程。然而，公司必须为充分测试这些过程而提供所需的资源，这些资源通常包括硬件和额外的软件许可证。

6.2.16 系统测试的执行

系统测试执行中一个最关键的考虑是决定由谁来进行测试。我们从反面来回答这个问题：（1）不能由程序员来进行系统测试；（2）在所有的测试阶段之中，这是惟一一个明确地不能由负责该程序开发的机构来执行的测试。

第一点基于的事实是，执行系统测试的人思考问题的方式必须与最终用户相同，这意味着必须充分了解最终用户的态度和应用环境，以及程序的使用方式。

那么显然的是，如果可行的话，一位或多位最终用户是很好的执行测试的候选人。但是，由于一般的最终用户都不具备执行很多前面所描述的测试类型的能力或专业技术，因此，理想的系统测试小组应由几位专业的系统测试专家（以执行系统测试作为职业）、一位或两位最终用户的代表、一位人类工程学工程师以及该程序主要的分析人或设计者所组成。将原先的设计者包括进来并不违反先前的（第2章表2-1）测试原则，即不提倡测试由自己编写的程序，因为程序自构思以来已经历经人手，所以原先的设计者不会再受到心理束缚的影响，对程序的测试不会再触及该原则。

第二点基于的事实是，系统测试是一项“随心所欲，百无禁忌”的活动，而软件开发机构会受到心理束缚，有悖于此项活动。而且大多数的开发机构最为关心的是让系统测试进行得尽可能顺利并按时完成，而不会尽力证明程序不能满足其目标。系统测试至少应由很少（如果有的话）受开发机构左右的独立人群来执行。

也许最经济的执行系统测试的方式（所谓经济，是指花一定的成本发现最多的错误，或利用更少的费用发现相同数量的错误）是将测试分包给一个独立的公司来完成。这一点将在本章的后面章节进一步讨论。

6.3 验收测试

让我们回到图6-3所示的开发过程的完整模型上来，可以看到验收测试是将程序与其最初的需求及最终用户当前的需要进行比较的过程。这是一种不寻常的测试类型，因为该测试通常是由程序的客户或最终用户来进行，一般不认为是软件开发机构的职责。对于软件按合同开发的情况，由订购方（用户）来进行验收测试，将程序的实际操作与原始合同进行对照。如同其他类型的测试一样，验收测试最好的方法是设计测试用例，尽力证明程序没有满足合同要求；假如这些测试用例都是不成功的，那么就可以接受该程序。对于软件产品的情况，如计算机制造商的操作系统或编译器，或是软件公司的数据库管理系统，明智的用户首先会进行一次验收测试以判断产品是否满足其要求。

尽管从原则上来讲验收测试是客户和最终用户的职责，但是明智的开发者会引导客户在开发过程和产品发布之前进行用户测试。在第7章我们会针对用户测试（又称可用性测试）做更深入的探讨。

6.4 安装测试

图6-3描述的测试过程的剩余部分是安装测试。安装测试在图6-3中的位置有些不寻常，它与所有其他测试过程不同，与设计过程中的任何阶段都没有联系。它的不寻常是由于其目的不是为了发现软件中的错误，而是为了发现在安装过程中出现的错误。

在安装软件系统期间会发生很多事件。作为示例的简短列表包括了下列事件：

1. 用户必须选择大量的选项。
2. 必须分配并加载文件和库。
3. 必须进行有效的硬件配置。
4. 软件可能要求网络联通，以便与其他软件连接。

安装测试应由生产软件系统的机构来设计，作为软件的一部分来发布，在系统安装完成之后进行。除此之外，测试用例需要检查以确认已选的选项集合互不冲突，系统的所有部件全部存在，所有的文件已经创建并包含必需内容，硬件配置妥当等。

6.5 测试的计划与控制

如果认为测试一个大型软件系统可能需要编写、执行和验证数万个测试用例、处理数千个模块、改正数千个错误、雇佣数百人花费一年甚至更长的时间工作，那么很明显我们在计划、监视和控制测试过程方面遇到了巨大的项目管理挑战。事实上，这些问题非常繁杂，我们可以将整本书都用来讨论软件测试的管理问题。本节的初衷是总结其中的一些问题。

正如第2章所提到的，在计划测试过程中最常出现的主要错误是默认为不会发现软件缺陷。这个错误带来的显然结果是对计划投入的资源（人力、时间表及计算机时间）明显估计不足，这在计算机行业内是个声名狼藉的问题。造成这个问题的原因是测试阶段处于开发周期的最后阶段，致使调整资源非常困难。另外，可能是更重要的问题，即对软件测试的定义有误，因为很难看到对测试正确定义（测试的目的是发现错误）的人在假定找不到任何错误的情况下去计划一个测试。

与大多数项目的情况一样，计划是管理测试过程中至关重要的一环。一个良好的测试计划应包括：

1. 目标。必须定义每个测试阶段的目标。
2. 结束准则。必须制定准则以规定每个测试阶段何时可以结束，该问题将在下一节中讨论。
3. 进度。每个阶段都须有时间表。应指出何时设计、编写和执行测试用例。某些软件技术，如极限编程（在本书第8章中讨论）要求在程序编码开始之前就设计测试用例和单元测试。
4. 责任。对于每一个阶段，应当确定谁来设计、编写和验证测试用例，谁来修改发现的软件错误。由于在大型项目中讨论特定的测试结果是否代表错误时，有可能出现争端，因此还需要确定一名仲裁者。
5. 测试用例库及标准。在大型项目中，用于确定、编写以及存储测试用例的系统方法是必须的。
6. 工具。必须确定需要使用的测试工具，包括计划由谁来开发或采购、如何使用工具以及何时需要使用工具。
7. 计算机时间。计划每个测试阶段所需的计算机时间，包括用来编译应用程序的服务器（如果需要的话）、用来进行安装测试所需的桌面计算机、用来运行基于Web应用程序的Web服务器、联网的设备（如果需要的话）等。
8. 硬件配置。如果需要特别的硬件配置或设备，则需要一份计划来描述该需求，该如何满足需求以及何时需要满足。
9. 集成。测试计划的一部分是定义程序如何组装在一起的方法（例如自顶向下的增量测试）。一个系统如果包含大的子系统或程序，可按增量的方式组装在一起，例如可以使用自顶向下或自底向上的方法，但是这些构造块是程序或子系统，而不是模块。如果是这种情况，就需要一个系统集成计划。系统集成计划规定了系统集成的顺序、系统每个版本的功能以及编写“脚手架”代码以模拟不存在的部件的职责分工。
10. 跟踪步骤。必须跟踪测试进行中的方方面面，包括对错误易发模块的定位，以及有关进度、资源和结束准则的进展估计。
11. 调试步骤。必须制定上报已发现错误、跟踪错误修改进程以及将修改部分加入系统中去的机制。调试计划中还应包括进度、责任分工、工具以及计算机时间/资源等。
12. 回归测试。回归测试在对程序作了功能改进或进行了修改之后进行，其目的是判断程序的改动是否引起了程序其他方面的退步。回归测试通常重新执行测试用例中的某个子集。回归测试很重要，因为对程序的改动和对错误的纠正要比原来的程序代码更容易出错（与报纸排版错误很相似，这些错误通常由于最后所做的编辑改动而引起的，而不是修改先前版本而引起的）。回归测试计划规定了测试人员、测试方法和测试时间，它也是必须的。

6.6 测试结束准则

在软件测试过程中最难回答的一个问题，是判断何时终止测试，因为我们无法知道刚刚发现的错误是否是最后一个错误。事实上，除了非常小的软件，期望所有的错误最终都能被发现是不切实际的。在这种两难情况之下，而且基于经济条件也要求测试必须最终结束的事实，我们可能会产生疑惑，是极其武断地回答此问题呢，还是存在一些有用的终止准则？

我们在实际中使用的典型的结束准则既无意义，也不能实现目标。最常见的两个准则是：

1. 用完了安排的测试时间后，测试便结束。
2. 当执行完所有测试用例都未发现错误，测试便结束。也就是说，当所有的测试用例不成功时便结束。

第一条准则没有任何作用，因为我们可以完全什么都不做也可满足它。它并不能衡量测试的质量。第二条准则同样也是无用的，因为它也与测试用例的质量无关，而且也不能够实现测试目标，它下意识里鼓励我们编写发现错误可能性较低的测试用例。

正如本书第2章所述，人类是高度受目标驱使的。如果一旦获悉所有的测试用例都不成功，就完成了任务，那么人们就会下意识地朝这个目标编写测试用例，避开了有用的、高效的和具破坏性的测试用例。

有三类较为有用的结束准则。第一类，但不是最佳的准则，根据的是特定的测试用例设计技术。举例来说，我们会这样定义模块测试的结束准则：

> 测试用例来源于（1）满足多重条件覆盖准则，（2）对模块接口规格说明进行边界值分析，产生的所有测试用例最终都是不成功的。

我们会在满足下列情况时规定功能测试结束：

> 测试用例来源于（1）因果图分析，（2）边界值分析，（3）错误猜测，产生的所有测试用例最终都是不成功的。

尽管这种类型的准则要优于前面提到的两条准则，但仍然存在三个问题。首先，对于那些没有特定方法的测试阶段，如系统测试阶段，这类准则不起作用。第二，它要依赖于主观的度量，因为没有办法保证测试人员适当而又严格地使用特定的方法，如边界值分析方法。第三，不同于设置一个目标再让测试人员选择最佳的实现方法，它的做法正好相反；指定了测试用例设计的方法，却并不设定目标。因此，这种类型的准则对于某些测试阶段有时很有效，但是只有在测试人员根据以往的经历，证明自己可以成功地使用测试用例设计方法时，这些准则方可适用。

第二类，也许也是最有价值的准则，是以确切的数量来描述结束测试的条件。因为测试的目的是发现错误，为什么不将测试结束准则定为发现了某个既定数量的错误呢？举例来说，在对某个具体模块进行模块测试时，直到发现了三个错误才可以认为测试结束了。也许系统测试的结束准则应该规定为发现并修改了70个错误，或测试实际进行了3个月，无论以后发生什么。

应该注意的是，虽然这种准则强化了软件测试的定义，但它也有两个问题，每一个都是可以解决的。一个问题是判断如何获得要发现的错误数量。得到这一数字需要进行下面几个预测：

1. 预测出程序中错误的总数量。
2. 预测这些错误中有多大比例可能通过测试而发现。
3. 预测这些错误中有多少是由各个设计阶段产生的，以及在什么样的测试阶段能够发现这些问题。

可以通过几种方法来大致预测错误的总数。一种方法是利用以前程序的经验来预测出数字。另外，还存在多种预测模型。有些模块需要测试一段时间，记录下连续发现错误的间隔时间，然后将这些时间输入一个公式的参数中。有些模块被置入一些已知但未公开的种子错误，测试一段时间后，检查被发现的种子错误与非种子错误的比例。还有的模型则让两个独立的测试小组分别测试一段时间，然后检查各自找出的错误以及两个组找出的共同问题，再使用这些参数来预测错误的总数。还有一种获得预计数字的粗略方法是使用行业范围内的平均值。举例来说，在编码结束时（在进行代码走查或检查之前），一般程序中的错误数量大致是每100行语句中含4～8个错误。

上面列举的第二个预测（可以通过测试发现的错误比例）包含一定程度的随意猜测，考虑了程序的性质以及未发现的错误造成的后果。

关于错误是如何及何时产生的，我们现在得到的信息还很少，因此第三个预测最为困难。现有的数据表明，在大型程序中，大约有40%的错误是编码和逻辑设计错误，剩下的错误则产生于早期的设计阶段。

为了使用这个准则，需要根据手头的程序作出自己的预测。这里有一个简单的例子。假设我们要着手测试一个10 000行语句的程序，进行代码检查之后剩余的错误数量预计每100行语句5个错误，并且我们估计，作为测试的目标，要检查出98%的编码和逻辑设计错误，以及95%的早期设计错误。这样，错误总数为500。在这500个错误之中，我们假设200个错误是编码和逻辑设计错误，300个是设计缺陷。因此，我们的目标是找出196个编码和逻辑设计错误以及285个设计错误。表6-3显示了对何时可能发现错误的近似合理的预测。

表6-3　对错误发现时期的推测

	编码和逻辑设计错误	设 计 错 误
模块测试	65%	0%
功能测试	30%	60%
系统测试	3%	35%
总计	98%	95%

如果我们计划进行4个月的功能测试、3个月的系统测试，可以建立如下3个结束准则：

1. 当发现并修改了130个错误之后（估计的200个编码和逻辑设计错误中的65%），模块测试即告结束。
2. 当发现并修改了240个错误之后（200个错误的30%加上300个错误的60%），或功能测试进行了4个月之后，无论后面发生什么，功能测试即告结束。加上第二条的原因在于，如果我们很快发现了240个错误，那么就很有可能表明我们低估了错误的总数，因此，不应很早就结束功能测试。
3. 当发现并修改了111个错误之后，或系统测试进行了3个月之后，无论以后发生什么，系统测试即告结束。

这类准则的另一个明显问题是过度地预测。在上述例子中，如果在功能测试开始时剩余的错误数量少于240个会发生什么情况呢？根据这条准则，我们可能永远也不能结束功能测试。

如果你仔细想一想，这里有一个奇怪的问题。这个问题是错误的数量不够，程序的质量过高了。我们可以不将其当成问题，因为这是个很多人都喜欢遇到的"问题"。如果这个问题确实发生了，可以根据常识来解决它。如果我们在4个月内没有发现240个错误，项目经理可以聘请一个局外人来分析测试用例，判断问题究竟是测试用例不足，还是测试用例很棒却没什么错误可发现。

第三类结束准则表面上似乎很容易，其中却涉及许多判断和直觉。它需要我们在测试过程中记录每单位时间内发现的错误数量。通过检查统计曲线的形状，常常可以决定究竟是继续该阶段的测试，还是结束它并开始下一测试阶段。

假设某个程序正在进行功能测试，对每周发现的错误数量都进行了记录。如果第7周的曲线如图6-5的上部所示，那么即使发现的错误数量已经达到了结束准则，此时结束测试也会显得草率。因为，在第7周里我们似乎仍处于高峰（发现很多错误），此时最明智的决定（记住我们的目标是发现错误）是继续功能测试，如有必要，设计额外的测试用例。

然而另一方面，如果曲线处于图6-5的下部，错误发现率明显下降，意味着我们已经"啃干净"了功能测试这块骨头，也许最佳的行动是结束功能测试并开始新的测试类型（也许是系统测试）。当然，我们还必须考虑其他因素，比如错误发现率的降低是否是因为缺少计算机时间，或执行完了可用的测试用例。

图6-6显示了如果我们没有记录发现错误的数量，会发生什么情况。该图显示了一个非常大的软件系统的三个测试阶段。一个显而易见的结论是，该项目在第6时段后不应转到别的阶段。在第6时段，错误发现率还很高（对于测试人员而言，发现率越高越好），然而在这个时候转移到下一个阶段，导致了错误发现率的明显下降。

最佳的结束准则可能是上述三种类型的组合。对于模块测试而言，特别是由于多数项目在此阶段都没有正式跟踪已发现的错误，最佳的结束准则可能是第一类。我们应该要求使用一系列具体的测试用例设计方法。而对于功能测试和系统测试而言，结束准则可能是发现了既定数量的错误，或用完了计划的时间，再出现什么都不管，但条件是错误分析与时间图的对比表明测试的效率已很低了。

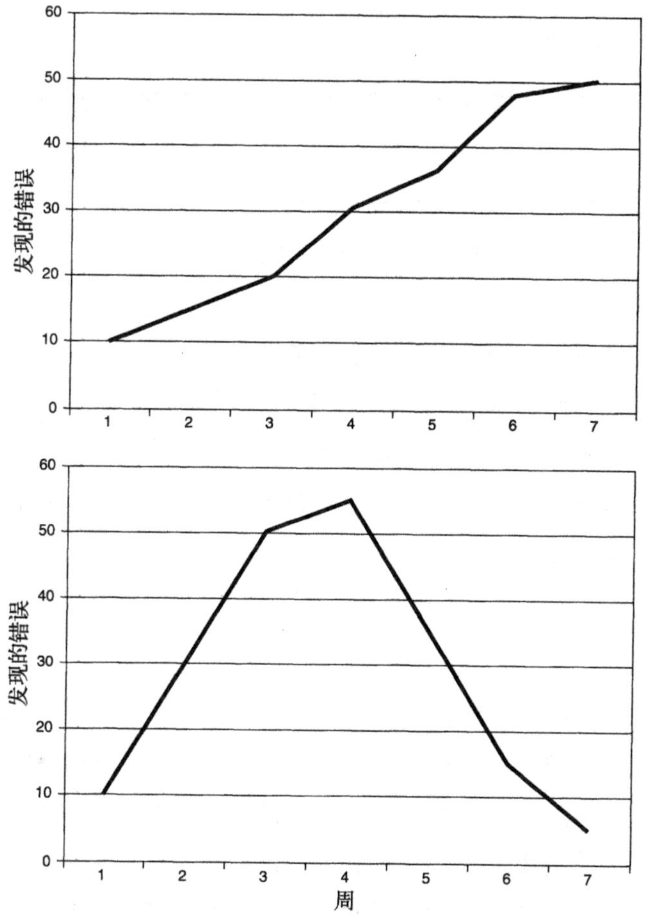

图6-5 通过记录单位时间内发现的错误来预测测试的结束

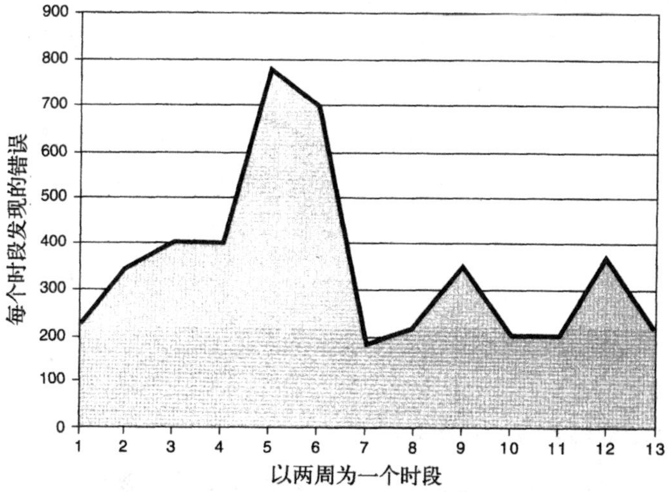

图6-6 对某个大型项目测试过程的事后研究

6.7 独立的测试机构

在本章的前面章节和第2章中，我们强调了软件机构应避免测试自己的软件，其中的原因在于，负责开发程序的机构难以客观地测试同一程序。就公司的架构而言，测试部门应尽可能远离开发部门。事实上，最理想的是测试机构不应是同一个公司的一部分，因为如果不是这样，测试机构仍然会受到与开发部门同样的管理压力的影响。

解决这个矛盾的一个方法是雇佣独立的公司进行软件测试。这是个好主意，不管是系统的设计和使用单位开发的这个软件，还是第三方单位开发的这个软件。这种做法常被提及的好处是提升了测试过程中的积极性、建立了与开发机构的良性竞争、避免了测试过程处于开发机构的管理控制之下，以及独立的测试机构带来的解决问题的专业知识。

6.8 小结

更高级别的测试可以看做是测试的下一个阶段。我们在之前讨论并积极提倡模块测试的理念——使用各种技术来测试组件、程序块这些构成完整软件的有机组成部分。经过单个模块的测试与调试，现在是时候考察将它们组装起来的效果了。

更高级别的测试并非对于所有的软件产品都很重要，但是随着软件规模不断的扩大，其重要性日益突出。显而易见，模块越多，代码行数越多，编码甚至是设计的错误出现的概率也更高。

功能测试试图去发现设计上的错误，也即是程序和外部规格说明书（从最终用户角度对产品功能和行为的描述）之间的不匹配之处。

系统测试从另一方面来测试软件及其最初目标的关系。系统测试用于寻找从程序设计目标转换到规格说明书最后转化成具体代码实现的每一个环节中可能发生的错误。正是这些转换环节中发生的错误往往会带来最深刻的影响，同样，产品开发阶段也是最容易出错的阶段。或许对于系统测试来说最难的部分是如何设计测试用例。一般情况下你会把精力放在主要的测试分类上，然后在这些类型的测试中变得更富有创造力。表6-1总结的15个测试类别在本章进行了详细介绍，这15个类别将指导你进行有效的系统测试。

毫无疑问，更高级别的测试是进行彻底的软件测试重要部分，但它同时也可能成为令人生畏的过程，尤其是对于大型系统（如操作系统）的系统测试。系统测试成功的关键是始终连贯的、周密详细的计划。我们在这一章针对系统测试这一主题做了一些讨论，但是如果你正在负责大型系统的测试，肯定还需要更多的思考和计划，一种解决办法就是聘请专门的第三方公司进行测试和测试的管理。

在第7章我们将对更高级别测试的一个分支进行扩充讨论，那就是用户测试（可用性测试）。

第 7 章
Chapter 7

可用性（或用户体验）测试

俗话说得好，“人要脸，树要皮”。可用性就像是软件的脸蛋，漂不漂亮，好不好用，关键还是最终用户——人说了算。因此，设计测试用例时一个重要的方面便是寻找人的因素以及与可用性相关的问题。本书在第1版发行时，计算机工业界大都忽略了人为因素与软件开发之间的联系。开发人员很少关注人与软件系统之间的相互作用，但这并不意味着当时没有人从用户的角度进行软件测试。事实上，在20世纪80年代初期，有一拨人（比如，施乐PA研究中心的开发者）就已经开始从事基于用户的软件测试。

1987或1988年左右，我们三个就已经频繁地接触到早期个人电脑上的硬件和软件测试，当时我们与计算机制造商合作，在新台式机面市之前进行测试和评审。在大概两年的时间里，这样进行的发布前测试，有效防止了因使用新的硬件和软件设计而产生的有关可用性的诸多潜在问题。这批早期的计算机制造商无疑都确信：花费在用户测试上的时间和费用能够换来更好的市场和经济回报。

7.1 可用性测试基本要素

今天的软件（尤其是那些针对更广泛商业市场的软件）都会在人的因素上进行大量研究。现代的软件项目也肯定能够从无数的先例中吸取这方面的经验教训。然而对人的因素进行分析，仍然是一个非常主观的行为。下面列出了一些问题，或许能帮你找到测试灵感：

1. 是否每一个用户交互设计都考虑到最终用户的理解力、教育背景以及环境压力？
2. 程序的输出是否有意义、没有侮辱性的词语，以及是否含糊不清？

3. 用来错误诊断的提示的信息（error message）是直白易懂，还是需要计算机博士才可读懂？比如，程序有没有输出这样的报错信息："IEK022A OPEN ERROR ON FILE 'SYSIN' ABEND CODE=102"。在20世纪七八十年代，程序输出这样的报错信息到处可见。今天大众化的软件系统在这一方面做得比以前强多了，但是用户还是会碰到没有任何帮助价值的错误提示信息，诸如"发生了一个未知错误"或"程序发生错误需要重新启动"。

   若是你自己设计程序，则应该避免输出这类没有意义的错误信息。即使程序不是你设计的，作为程序的测试人员，也应该帮助改进这些人机交互的地方。

4. 用户界面上是否保持概念的一致、内部的连贯性、语法的一致性？是否符合约定的使用习惯、语义和句法规律、格式、样式以及缩写习惯？
5. 需要高精确性和准确度的软件系统是否提供了足够有效的输入验证？以网上银行系统为例，登录时应该要求提供账户号码、账户名以及PIN码（个人识别密码），以用来检查用户的合法性。
6. 系统是不是包含了太多选项，或者包含的一些选项不会被使用？基于软件测试和设计的考虑，现在软件的一个发展趋势就是只提供那些最常用功能的菜单项。于是一个设计良好的软件能够从用户的使用行为得到启发，设计出用户经常使用的一些功能的菜单选项。即使拥有这样智能的菜单系统，成功的软件设计还必须考虑如何使得软件的功能更符合人的思维逻辑和直觉。
7. 对于来自用户的输入，系统是否能够及时做出反应？比如，当用户单击鼠标时，选中的条目将改变颜色或者按钮能够表现出被按压/弹起的状态。如果期望用户从列表中选择，那么选中的条目应该高亮显示在可见范围。此外，如果选中操作生效需要耗费一些时间（访问远程系统的时候通常都这样），则需要显示一些信息，告知用户需要等待。有时也称这样的测试为组件测试，用以测试组件交互以及用户反馈，并做出合理的选择。
8. 程序的操作是否很容易上手？如是否有效提示用户需要输入大小敏感的文本（例如：常见的密码输入。——译者注）？再如，一项程序如果涉及一连串的菜单和选项操作，它能否轻松返回到主界面（例如：常见的游戏菜单选项都有一个主菜单。——译者注）？用户是否能够轻易返回上一级或者下一级？

9. 软件的设计是否有助于用户准确输入？通过分析用户在输入数据或者操作软件时遇到的错误，测试可以统计出哪些属于可以被用户订正的错误，而哪些会导致软件异常。
10. 用户的操作可以轻松重复吗？换一句话说，你的软件是否能够让用户学会更好地使用该系统？
11. 用户是否确定能够在众多的功能和菜单中来回切换而不发生意外？对软件主观的评价可能会导致用户是否会继续选择使用该软件。使用结束时的输出结果会让用户担心还是满意？用户会推荐给其他人使用该软件，还是仅仅自己用就算了？
12. 软件的功能实现是否达到了设计规格要求？最终可用性测试需要包含一项软件规格说明书与产品实际使用情况所做的评估。从用户的角度来看，在实际使用环境中软件的表现是否真的不负众望？

可用性或基于用户的测试基本上属于黑盒测试的范畴。在此回顾一下第2章的内容，黑盒测试就是竭力找寻被测软件不符合设计规格的情况。在黑盒测试中，你不需要关心软件内部究竟如何运作，甚至不需要知道软件系统的设计结构。从这一角度来看，可用性测试显然是任何软件开发都不能忽略的重要组成部分。如果由于软件设计不够优美、交互界面烦琐难用、规格缺失或被忽视等原因，而导致用户感觉该软件未能按照规格正常操作，这就等于宣判这一项目开发失败。用户可用性测试应该从功能缺陷到不符合人机工程学的设计失误来揭示软件设计存在的问题。

7.2 可用性测试流程

从上面给出的测试点能够很明显发现可用性测试并不仅仅是寻求用户关于软件的意见观点或者高屋建瓴般的主观感受。当问题和错误得到修复解决，在软件准备发布或者销售之前通常会举行小型的新闻发布会。这一形式通常用于吸引用户和潜在的订单，是一种市场营销和宣传手段。而可用性测试则需要在这之前更早的阶段就开始进行大量的工作。

进行任何可用性测试之前都需要周密计划一番（回顾一下第2章表2-1关于软件测试的几条原则）。你应该为用户创建实用的、最接近真实的、可重复的实验步骤以供测试。设计这些测试场景需要让用户了解软件的方方面面，所以会有各种不同甚至是随机的操作场景。下面这个例子可能是你在测试某用户跟踪系统需要考虑的众多场景：

- 定位某个客户的记录并修改之。
- 定位某公司的记录并修改之。
- 创建一条新的公司记录。
- 删除一条公司记录。
- 生成某类型的公司列表。
- 打印列表。
- 选中一批联系人并导出到文本文件或者电子表格文件。
- 从另一个系统导入联系人信息文件。
- 为其中一个或多个记录添加照片。
- 创建并保存一份定制的报告。
- 定制菜单。

配备一个观察员记录上述的每一步测试中的用户体验。测试完成时，和当事人做一个简短的沟通，或者提供一份调查问卷用来记录用户体验的其他方面，如用户对于软件的实际使用与规格说明有何差距。

需要注意的是，在测试之前需要为用户提供一份详细的操作说明，以便确保所有人是基于相同的信息、以相同的方式进行测试，否则就会存在信息不对称导致结果不一致的风险。

7.2.1 测试用户的选择

一份完整的可用性测试草案通常需要同一组用户完成多个测试以及不同组用户完成多个测试。为什么需要同一组用户完成多个测试？因为测试要关注的一点是用户记忆，也就是说用户对于软件操作的熟悉程度是一个递进的学习过程。用户在第一次使用任何一个新系统都需要花一些时间来学习，但是如果新系统的设计和行业内的目标用户群体所熟知的使用习惯和技能相匹配的话，那用户便会很快学会。

譬如，一个熟悉计算机工程设计的用户会希望该行业的任何新软件系统都能遵循约定俗成的规范，比如术语、菜单设计甚至是颜色、阴影效果和字体。当然，开发者也可能为了更好的体验，会有意打破一些陈规，但是，如果这种做法走得太远从而不能契合行业标准以及用户的期望时，这样的软件则需要用户花较长的时间来学习。而事实上，如果用户需要太长时间来接受某一软件，这将直接导致该项目的失败。如果这一应用程序是为特别的单个客户开发定制，这样做可能会造成用户拒绝该项设计或者要求对用户交互界面进行全面重新设计。以上任何一种结果都会造成开发失误，导致增加成本的高昂浪费。

因此，针对某一特定群体或者行业的软件开发需要由经验丰富的测试专家进行测试，这些专家通常具备这一类型软件的实际使用经验。相比较而言，针对适用范围更广的软件（如移动设备应用或者大多数互联网的网站系统），最好随机选择测试用户（这种选择测试用户的方式有时称为长廊测试或者长廊拦截测试，意即这种选择方式就如同在经过长廊的路人中随机抓取一批）。

7.2.2 需要多少用户进行测试

设计一份可用性测试计划之初，脑子里蹦出的第一个问题就是需要多少人手？雇佣多少测试人员这个问题经常被忽视，而这可能会为项目增加不必要的成本开销。你要做的就是寻找能够用最少时间发现最多问题的优秀测试人员，并确定最合适的人数。

直觉可能会说，测试人越多越好。毕竟只要是拥有足够的测试人员来测试产品，你就能发现所有的问题（这是一个伪命题，条件不可能实现。——译者注）。首先，我们知道这样人力成本会很高。其次，管理这么多人将成为一个令人（管理者）头疼的问题。最后，测试不可能发现全部的可用性问题。

幸运的是，过去15年来已经有一些针对可用性测试的重要研究。基于Jakob Nielsen的研究成果，所需的测试人数可能比你想象得要少。Nielsen的研究发现，测试中找到的可用性问题数量可以用数学公式表示如下：

$$E = 100 \times (1-(1-L) \wedge n)$$

其中：

E=找到错误的比例

n=测试人数

L=单个测试人员发现的可用性问题比例

在Nielsen的实验中使用L=31%收集数据，可以得出如图7-1的趋势效果。

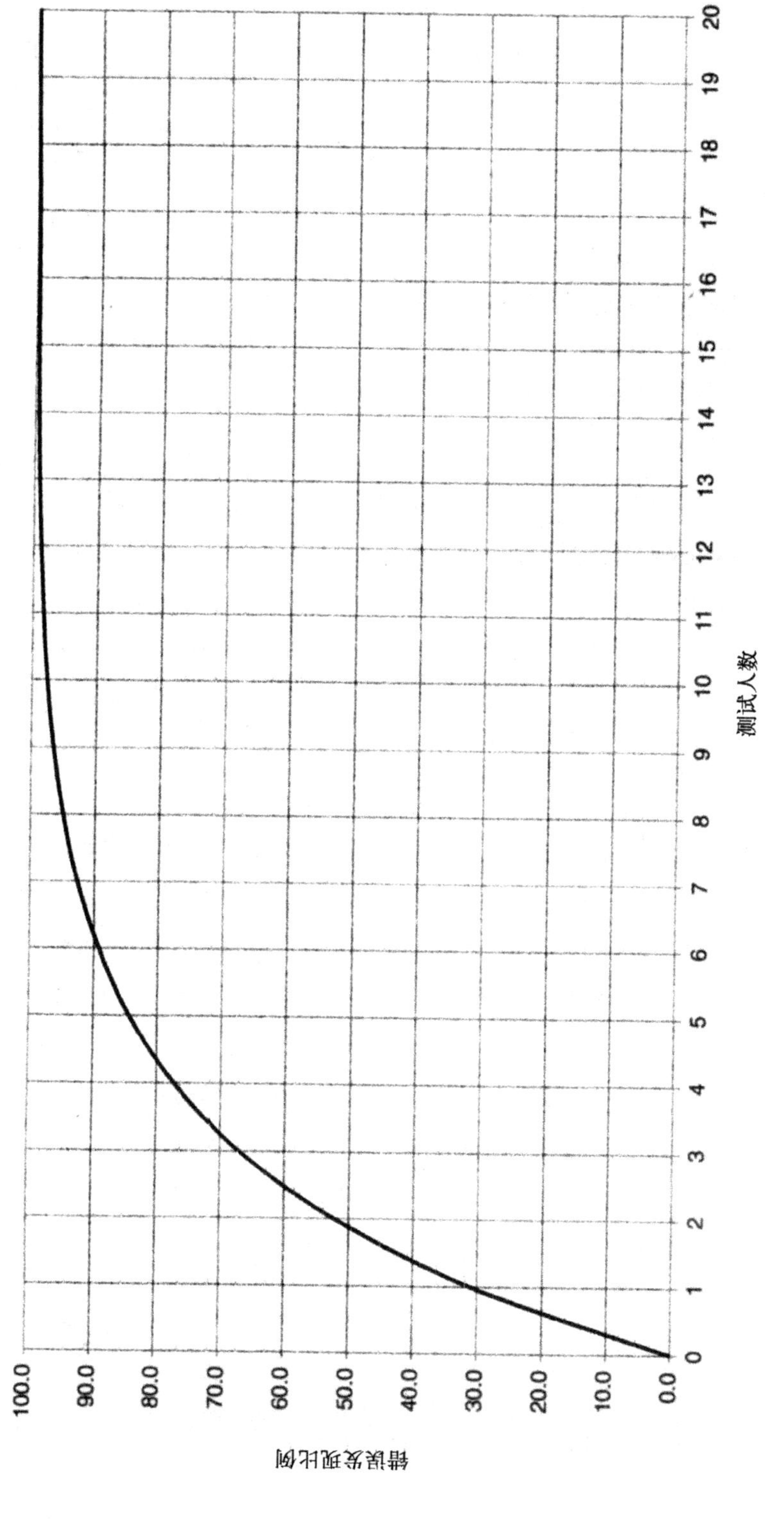

图7-1 错误发现比例与测试人数的关系

观察这张曲线图我们发现了几个有趣的地方。其一，不可能找到应用程序所有的可用性问题。这一点不仅是我们直觉感知到的，而且从理论上也可说明，因为图中的曲线趋于100%，但是一直没有到达。其二，其实只需要有限的测试人数。这张图显示83%的问题只需5个测试者便可发现（再仔细看这张图，发现使用20个测试人员能够趋近100%的错误发现率，这其实和著名的28法则不谋而合。——译者注）。

正所谓好钢用在刀刃上。从项目管理者的角度来说，这个结果振奋人心。这意味着项目的测试不再需要投入过高的成本来雇佣一大批测试人员，只需专注于设计你的测试、执行安排以及测试分析，把精力和金钱用在最能发现问题的地方。

而且减少测试人数意味着分析报告工作变少，从而可以很敏捷地实现程序的变动以及测试策略的调整，更快地融入新的测试团队。这种轻量化的作战方式可以保证用最低的成本和最少的时间发现最多的问题。

Nielsen的研究是在20世纪90年代初进行的，当时他还是Sun公司的一名系统分析师。一方面，他的研究成果以及关于可用测试的方法为软件设计提供了具体的指导原则。另一方面，由于可用性测试越来越重要和普及，并且越来越多的实践和更好的公式分析提供了更多的数据，有一些研究者已经开始质疑Nielsen的三到五个用户进行可用性测试就已经足够的这一坚定结论了。

Nielsen本人则告诫精确的测试人数基于经济考虑（即你的预算支持雇佣多少人）以及软件系统类型而定。而且，要求严格的程序（如卫星导航应用和银行金融）以及其他对安全性有特别要求的系统则必然需要更详尽的用户测试和审核。

对于那些正在设计可用性程序的开发人员来说，需要考虑的重要问题就是所选测试用户以及他们的个人喜好是否能足够代表所有的潜在用户。Nielsen还提到，有些较复杂的系统相对更难发现大量的错误。而且由于测试人员的经验背景和能力差异，不同的测试人员会发现不同的问题，所以可能需要更多的测试人员。

测试工程师和项目管理者不仅要设计测试策略，而且还负责规划和设计测试，提供合理的预算，评估中期成果以及根据软件系统、整个项目以及客户的情况进行回归测试。

7.2.3　数据采集方法

测试管理者或者观察者可以通过多种方法收集测试结果。录制测试过程并使用“发声思考”（think-aloud）这种方法，可以很好地记录可用性测试数据以及用户对软件的使用感受，“发声思考”使得用户能够在执行测试的过程中表达出他们的想法和对软件的评价。通过这种方式，测试参与者会描述他们的任务，并说出他们对任务的理解以及在执行测试时其他任何的想法。采用“发声思考”的方式进行可用性测试时，开发人员甚至会在测试完成后主动找参与者了解事后的感受与评价。加在一起，前后两次（测试过程的思考和评价一次，事后与开发者沟通的再一次）的用户思考以及评价能提供非常有价值的反馈，以便开发者改正问题并提升质量。

“发声思考”有一个缺点：因为录像以及观察员的介入，用户体验可能会受到这一不自然的环境因素的影响而发生偏差。开发者可能还希望进行远程用户测试，也就是把软件产品安装在远端真实模拟的测试环境里。这种方法的好处是用户可以在尽量真实的环境中测试，降低了外部影响可能带来的结果偏差。当然，远程用户测试的缺点就是可能得不到像本地“发声思考”那样详细的测试反馈。

然而，在远程测试环境中，依然可以收集到准确的用户数据。可以通过在远端安装第三方工具软件来记录击键和每一个测试任务所花费的时间。不过这需要付出额外的部署时间和使用更多的工具软件，但是这类测试的结果既详细又具有启发性。

在没有键盘和时间记录工具的情况下，测试者可以自己记录每一个测试任务的起始和结束时间，然后附上简短的评价。事后的问卷调查也有助于测试者回忆起测试时关于软件的一些想法和评价。

还有一种在技术上很复杂但却可能很有用的数据采集手段叫做“眼球追踪”（eye tracking）。当我们阅读一本书籍、欣赏一幅图画或者看着计算机屏幕时，我们的眼球会以某些特定的模式运动来浏览事物。100多年来关于眼球运动的各种研究表明，观察者的目光在某个视觉元素上面驻留的时间长短，至少能够反映他在此思考的程度。通过运用录像系统和其他技术跟踪眼球运动，研究者能够发现最能够吸引实验参与者的是哪些视觉元素、按照什么顺序以及吸引的时间长短。这样的数据很有可能帮助软件设计者选择最有效的外观。

尽管人们在20世纪后半叶做了广泛的实验研究，但是人们一直在争论“眼球追踪”在某些具体应用中是否真的具有价值。不过，在一些追求最佳效能的软件系统开发中（如武器导航系统、机器人控制系统、车辆控制以及其他对速度和响应有特别要求的系统），需要用户提供全面深入的数据收集分析，如果结合其他的用户测试技术（如"眼球追踪"），将会如虎添翼。

7.2.4 可用性调查问卷

和软件测试过程本身一样，关于测试后的可用性调查问卷也需要经过仔细设计。尽管你可能希望问卷能引导用户自由发表一些自己的看法，但是通常情况下，你还是希望设计出一份可以从大量的用户反馈中帮助量化和分析的调查问卷。通常有如下三种形式的问题：

- 是/否问题
- 真/假问题
- 某种程度的同意/反对

举个例子，诸如"对于系统主菜单你有何看法？"这样泛泛的询问，在调查问卷中可以分解成下面一系列问题，其中问题的答案用1～5之间的数字回答，5代表很赞同，1代表完全反对：

1. 通过主菜单可以很容易导航。
2. 通过主菜单可以很容易找到想要的正确功能。
3. 菜单外观的设计能够让我很快上手操作。
4. 一旦使用后，我能够很容易记住并重复之前的操作。
5. 菜单不能够根据我的选择提供足够的反馈。
6. 该菜单的设计和我熟悉的其他类似系统的菜单不同，更难使用。
7. 我觉得很难重复上次完成的操作。

要注意的是，在问卷中多次询问同一个问题也许是个不错的办法，但是把同一个问题从相反的角度来问（如问题4和7——译者注），然后期望被调查者能够做出和之前相反的回答，通过这种方式可以帮助确认被调查者真正理解了问题以及理解上的一致性。另外，你还可以根据测试任务以及测试区域的不同，在调查问卷中有针对性地设计不同的部分。

经验将教会你区分：哪些问题对于数据分析有价值，而哪些问题可能不怎么有用。统计分析软件可以帮助捕捉和解释数据。在参与测试的用户人数较少时，可用性测试结果可能很容易就看出来；否则你最好基于电子表格设计一份特定的分析流程，用以更好地管理文档。对于那些测试量大、参与用户也非常多的大型系统的可用性测试，使用统计分析软件往往能够发现人工方法不容易发现的趋势。

7.2.5　何时收工，还是多多益善

可用性测试应该如何计划才能做到在合理的预算内达到全面的测试效果？具体问题具体分析，这个问题的答案当然需要视被测系统或部件的复杂度而定。在预算和时间充裕的情况下，建议根据开发进度和里程碑分阶段测试。这样一来，如果单个模块的测试能够贯穿开发过程始终，那么最后只要把各个部分集成起来测试一番即可。

此外，你还可能会引入组件测试，打算对交互式组件进行可用性测试，这一组件要求用户输入，并根据这一输入通过用户可理解的方式进行反馈。这种反馈测试可以帮助优化用户体验、减少误操作以及提高软件的一致性。再次强调，如果在这个层次（也即组件级别）针对用户交互的设计进行了可用性测试，那么相当于你在最后的系统集成测试之前就掌握了关于软件操作以及使用的重要知识，这将有助于提高整体测试过程的效率。

同样，软件系统的复杂度以及初次测试结果影响测试需要的人数。举例来说，如果三五个人（或者其他合理的人数）已经被软件的操作和各个窗口之间的切换弄得晕头转向，而且这几个测试用户恰恰又足够能代表目标市场潜在的用户群，在这种情形下，你无须再添人手，赶紧修改你的用户交互界面设计吧。

一种合情合理的推论是，如果最初选取的那些测试人员都觉得分配的测试任务执行起来非常顺畅，也没有发现任何错误和故障，这很可能是由于测试的范围太小了。对于一个复杂的软件系统来说，可用性测试到底有没有可能找不到任何错误或者需要改变的地方？回顾一下我们在第2章的第6条原则（表2-1）：检查程序是否“未做其应该做的”仅是测试的一半，测试的另一半是检查程序是否“做了其不应该做的”，这其中有着微妙的差别。你会发现很多测试者在验证程序是否按照规格书实现功能的测试中，他们没有发现任何问题，因为的确那些程序实现了该有的功能。但是他们是否证明程序没有做任何不该做的呢？如果在初次的测试中发现一切都很顺利，这反而意味着需要做更多的测试。

我们不相信存在什么公式可以计算出每个用户应该做多少测试，或者每个测试需要迭代多少次，但是我们确信：对合理数量的测试人员的测试结果进行仔细分析和总结，可以带你找到本节标题的答案。

7.3 小结

今天的软件开发面临着更多来自市场竞争和交付时间紧迫的压力，因而可用性测试变得至关紧要。对于测试来说，软件的目标用户理所当然是不可多得的宝贵财富。富有经验的用户可以确定产品是否实现了设计目标，并可以在真实的环境中发现错误和遗漏。

视软件目标市场的不同，开发者同样也能从随机选取的用户测试中受益。这些随机选取的用户可能不知道软件的设计规格，甚至根本不了解软件针对的行业，但是却能够发现错误和用户交互界面的问题。和开发人员不能很好测试自己产品的道理一样，有经验的用户因为熟悉其中的道理反而可能会在测试中忽略了容易产生问题的地方。多年的软件开发经验告诉我们这样一个毫无争议的事实，即使软件开发人员费时很久测试的产品也总是很容易掉链子，而与此同时，一个“局外人”却能通过对软件不按常理出牌的使用方式在很短时间内发现问题和故障。

还要记住准确而详尽的数据采集与分析才是通往可用性测试成功殿堂的不二法门。在采集数据伊始，别忘了准备好详细的用户操作指南以及任务列表，最后再从用户评论报告以及事后调查问卷结论中编辑整理结果。

最后，可用性测试结果和数据必须经阐述变为开发人员能够读懂的修改意见，然后由开发人员实现改进。开发人员完成修改之后再交由原来的测试者（作者之所以这里要求同一个测试者进行测试，我想应该是为了保证对问题感受的连贯性以及测试结果的一致性——译者注），确认是否实现了改进意图，这可能是一个需要反复验证而渐进迭代的过程。

第 8 章
Chapter 8

调　　试

简单地讲，调试是执行一次成功的测试之后所要进行的工作。记住，所谓成功的测试，是指它可以证明程序没有实现预期的功能。调试是一个包含两个步骤的过程，从执行了一个成功的测试用例、发现了一个问题之后开始。第一步，确定程序中可疑错误的准确性质和位置；第二步，修改错误。

虽然调试对于程序测试来说非常必要，不可或缺，但它似乎是软件开发过程中最不受程序员欢迎的部分之一。其主要原因可能包括以下几点：

- *个人自尊的阻挠*。不管我们是否喜欢，调试都说明了程序员并不完美，要么在软件的设计，要么在程序编码时会犯错。
- *热情耗尽*。在所有的软件开发活动中，调试是最耗费脑力的苦差事，况且，进行调试往往经受着来自机构或自身的巨大压力，必须尽可能快地改正问题。
- *可能会迷失方向*。调试是艰苦的脑力工作，因为发现的错误实际上可能会出现在程序的任何语句中。也就是说，如果不首先检查程序，我们就不能绝对地肯定在一个薪金管理程序出具的支票中出现的数字错误不是由某个子程序引起的，该子程序要求操作员将一个特定的表格传输给打印机。让我们以诊断一个物理系统为例子作对比，如汽车。假如汽车在爬坡时熄火了（症状），那么我们可能会迅速而有效地排除掉某些部件——调频/调幅收音机、速度表或汽车门锁——引起该故障的可能。根据我们对汽车引擎的整体了解，该故障一定是发生在引擎上，我们甚至可以排除掉某些引擎部件，如水箱和滤油器。
- *必须自立更生*。与其他软件开发活动相比，关于调试过程的研究、资料和正式的指南都比较少。

尽管本书是关于软件测试的，并不讨论调试，但这两个过程显然是相互联系的。调试的两个步骤中，即错误定位和错误修改，对错误进行定位可能解决了

95%的问题。因此，本章集中讨论错误的定位过程，当然是假定某个成功的测试用例已经发现了一个错误。

8.1 暴力法调试

调试程序的最为普遍的模式是所谓的“暴力”方法。这种方法之所以流行，是因为它不需要过多思考，是耗费脑力最少的方法，但同时也效率低下，通常来讲不是很成功。

暴力调试方法可至少被划分为三种类型：

1. 利用内存信息输出来调试。
2. 根据一般的“在程序中插入打印语句”建议来调试。
3. 使用自动化的调试工具进行调试。

第一种类型，使用内存信息输出（通常使用十六进制或八进制格式粗略地显示所有的存储区域）是最缺乏效率的暴力调试方法，原因如下：

- 难以在内存区域与源程序中的变量之间建立对应关系。
- 即使对于复杂程度较低的程序，内存信息输出也会产生数量非常庞大的数据，其中的大多数都是与调试无关的。
- 内存信息输出显示的是程序的静态快照，仅能显示出在某一个时刻程序的状态；为了发现错误，还需要研究程序的动态状态（随时间的状态变化）。
- 内存信息输出很少可以精确地在错误发生的地方产生，因此无法显示在错误发生时程序的状态。错误发生到输出内存信息这段时间之内程序执行的活动，可能会掩盖掉发现错误所需的线索。
- 通过分析输出的内存信息来发现问题的方法并不太多（因此很多程序员都是密切注视，急切地渴望着错误能神奇地从内存信息输出中自行暴露出来）。

第二种类型，在失效的程序中插入输出变量值的语句，这种做法也不具有很强的优势。它可能比内存信息输出要好一些，因为可以显示程序的动态状态，让我们检查的信息可以相对容易地与源程序联系起来。但是这种方法同样也有很多缺点：

- 它不是鼓励我们去思考程序中的问题，而主要是一种碰运气的方法。
- 它所产生的需要分析的数据量非常庞大。
- 它要求我们修改程序，这些修改可能会掩盖掉错误、改变关键的时序关系，或者会引入新的错误。

- 它可能对小型程序有效，但如果应用到大型程序，成本就相当高。况且对于某些类型的程序，如操作系统或过程控制软件，这种办法甚至无法使用。

第三种类型，自动化调试工具的工作机制类似于在程序中插入打印语句，但是并不修改程序本身。可以使用编程语言的调试功能，或使用特殊的交互式调试工具来分析程序的动态状态。可能会用到的典型的语言功能有：产生可打印的语句执行轨迹的机制、子程序调用以及/或者对特定变量的修改等。调试工具的一个共同的功能是可以设置断点，使程序在执行到某条特定语句或改动了某个特定变量的值时暂停执行，然后程序员就可以检查程序的当前状态。同样，这种方法也主要是在碰运气，常常会生成数量过于庞大的无关数据。

这些暴力调试方法的主要问题在于：它们都忽略了思考的过程。我们可以在调试程序和侦破谋杀案之间找出相似点来。实际上，在几乎所有的谋杀悬念小说中，谜案都是通过仔细分析线索，将表面上不重要的细节全联结起来而最终侦破的。这不是一个使用蛮力的方法，要使用蛮力的是寻觅障碍物或搜寻财宝。

还有一些证据表明，无论调试小组成员是富有经验的程序员还是学生，肯动脑筋而不是依赖别人帮助的人能够更快、更准确地发现程序错误。因此，我们建议仅在下列情况下使用暴力调试方法：（1）其他的方法都失败了；（2）作为我们下面将会讨论的思考过程的补充，而不是替代方法。

8.2 归纳法调试

很显然，认真的思考能够发现大部分错误，甚至不需要调试人员使用调试工具。归纳是一种特殊的思考过程，可以从细节转到全局，也就是从线索（即错误的症状，可能是一个或多个测试用例的结果）出发，寻找线索之间的联系。归纳的过程如图8-1所示。

归纳调试的步骤如下：

1. 确定相关数据。调试人员犯的一个主要错误是未能将所有可用的数据或症状都考虑进去。第一步是列举出所有知道的程序执行的正确和不正确之处，这些不正确之处即是症状，让我们相信确实存在错误。那些相似却不相同且未引起症状出现的测试用例提供了额外的有价值的线索。

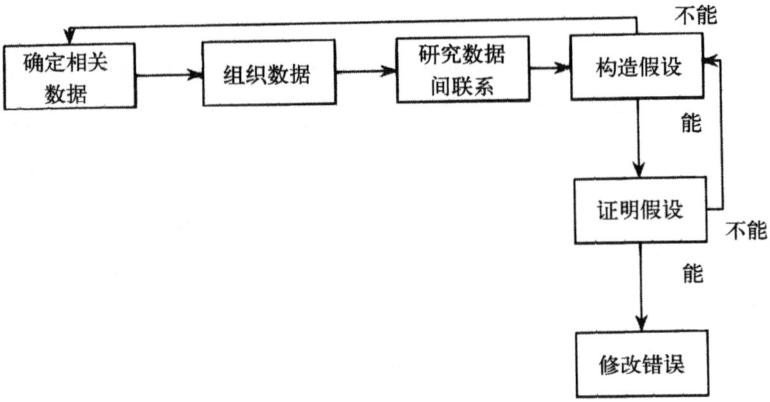

图8-1　使用归纳法的调试过程

2. 组织数据。记住，归纳意味着从特殊到一般，因此，第二步是组织这些相关数据，以便观察线索间的模式。尤其重要的是要找到矛盾、事件，比如仅当客户的保险金账户收支不太平衡时出现的错误。我们可以采用图8-2所示的表格来组织现有的数据。“是什么”框列举的是总体的症状，“在何处”框描述了这些症状出现的地方，“多大程度”框描述了这些症状的范围和重要性。注意“是”和“否”列，它们所描述的矛盾之处最终可能会导致对错误的假设。

?	是	否
是什么		
在何处		
何时		
多大程度		

图8-2　组织线索的一种方法

3. 作出假设。下一步是研究线索之间的联系，利用线索结构里可能的模式作出一个或多个关于错误原因的假设。如果还无法作出推测，就需要更多的数据。如果可能有多个假设存在，首先选择最有可能的一个。

4. 证明假设。考虑到调试在进行时所承受的压力，这个时期最主要的错误是忽略了这个阶段，直接跳到结论去改正问题。但是在继续下一步之前，证明这些假设的合理性是非常重要的。如果忽略了这一步，可能接下去只修改了问题症状，而没解决问题本身。应将假设与其最初的线索或数据相比较，以此来证明假设的合理性，确定这些假设可以完全解释这些线索的存在。如果无法解释，要么这些假设是无效的或不完整的，要么还有更多的错误存在。

5. 解决问题。一旦完成前面几步，便意味着可以进一步修复这个问题。要在每一步花一些时间做充分的调研，你也能够对解决问题变得越来越自信。但是请务必记住这一条：仍然需要做一些回归测试以确保问题和错误修复没有引入其他错误。随着软件规模扩大，修复老问题的同时引入新问题的可能性也更大。

举一个简单的例子，假设在第4章描述的考试评分软件报告了一个明显的错误。错误是在某些但不是所有情况下，中间值似乎不正确。在某个特殊的测试用例中，有51名学生被评分。正确打印出来的平均分数为73.2，但打印出的中间值是26分，而不是预期的82分。经过对该测试用例及其他一些测试用例结果的检查，线索按图8-3所示的形式进行组织。

?	是	否
是什么	报告3中显示的中间值不正确	计算平均值或标准偏差时出现
在何处	仅在报告3中出现	在其他报告中出现。学生的成绩计算似乎正确
何时	当测试学生数量为51时发生	在测试学生数量为2和200时未发生
多大程度	显示的中间值为26。当学生数量为1时也同样发生，显示的中间值为1	

图8-3 组织线索的例子

下一步是通过寻找模式和矛盾之处，作出关于该错误的假设。我们看到的一个矛盾是这个错误似乎仅出现在学生人数为奇数的测试用例中。这也许是个巧合，但看来很重要，因为我们要根据学生人数为奇数或偶数而不同地计算中间值。还有一个奇怪的模式：在一些测试用例中，计算出来的中间值总是小于或等于学生的人数（26≤51，1≤1）。这时，一个可能的方法是重新运行一次学生人数为51名的测试用例，给学生打与以前不同的分数，看一下是如何影响中间值的计算的。如果中间值仍然是26，那么“否——多大程度”框可以填上“中间值似乎与实际分数无关”。尽管这个结果提供了一条有价值的线索，但即使没有它，我们可能已经猜出这个错误。从现有数据计算出的中间值似乎等于学生人数的一半，经过四舍五入后得到最接近的一个整数。换句话说，如果将分数设想为存储在一个分类表里，该程序打印的是中间学生的人数而不是其成绩。因此，我们有了一个关于该错误准确性质的坚定的假设。下一步就是通过检查代码或执行一些附加的测试用例来证明这个假设。

8.3 演绎法调试

演绎的过程是从一些普遍的理论或前提出发，使用排除和精炼的过程，达到一个结论（错误的位置），参见图8-4。

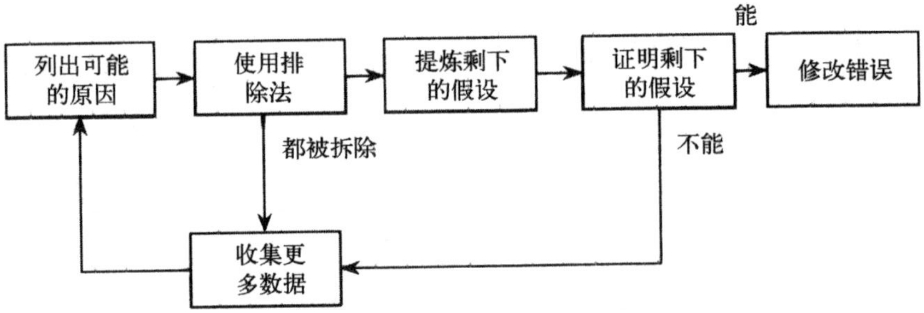

图8-4 使用演绎法的调试过程

举个谋杀犯的例子，与归纳过程相反，首先从一系列嫌疑人入手，通过排除（花匠有当时不在现场的合理证词）和提炼（罪犯可能是红色头发）的过程，判断出管家可能犯了罪。演绎的步骤如下：

1. 列举出所有可能的原因或假设。第一步是建立一份所有想象得到的错误线索的清单，线索不需要有完整的解释；它们纯粹是一些推测，帮助我们组织和分析现有的数据。
2. 利用数据排除可能的原因。详细检查所有的数据，尤其寻找存在矛盾的地方（图8-2可以用在此处），然后尽量排除所有可能的原因，仅留下一条。如果所有的原因都排除掉了，需要增加额外的测试用例，得到更多的数据来设计新的推测。如果剩下的原因多于一个，那么首先选择最有可能的原因，即主要假设。

3. 提炼剩下的假设。此时的可能原因也许是正确的，但可能不够具体，不能指出错误来。因此，下一步是使用现有的线索来提炼这个推测。举例来说，我们可能会首先想到“对文件中最后事务的处理可能存在错误”，并将其提炼为“缓冲区中的最后事务被文件结束指示器覆盖”。
4. 证明剩下的假设。这个重要步骤与归纳法中的第4步骤相同。
5. 修复问题。这一步与归纳法中的第5步一样。这里再次强调，应该针对修复的问题进行彻底测试以确保应用程序没有引入新的问题。

举个例子，假设我们着手对第4章讨论的DISPLAY命令进行功能测试。在由因果图分析方法确定的38个测试用例中，我们首先使用4个测试用例。作为建立输入条件过程的一部分，我们对内存进行初始化，将第一个、第五个、第九个、…字的值设置为000[⊖]，将第二个、第六个、…字的值设置为4444，将第三个、第七个、…字的值设置为8888，将第四个、第八个、…字的值设置为CCCC。也就是说，每个内存字单元都初始化为每个字的首字节地址中的低位十六进制数字(23FC、23FD、23FE和23FF地址的值为C)。

图8-5显示了这些测试用例、预期的输出及测试用例的实际输出。

显然，我们遇到了一些问题，所有的测试用例都没有产生预期的结果（全部都成功了）。让我们从调试与第一个测试用例相关的错误开始。该命令表明，从0地址开始（默认情况），要显示E（十进制中的14）个地址（回忆一下，规格说明定义所有的输出应每行包括4个字或16个字节）。

为出现的不期望的错误信息列举可能的原因：

1. 程序不能接受单词DISPLAY。
2. 程序不能接受句号。
3. 程序不允许第一个操作数为默认情况。程序要求在句号之前声明一个存储地址。
4. 程序不允许E作为有效的字节数量。

⊖ 原文为000。——译者注

测试用例的输入	预期的输出	实际的输出
DISPLAY.E	000000 = 0000 4444 8888 CCCC	M1 INVALID COMMAND SYNTAX
DISPLAY 21 v- 29	0000020 = 0000 4444 8888 CCCC	000020 = 4444 8888 CCCC 0000
DISPLAY .11	000000 = 0000 4444 8888 CCCC 000010 = 0000 4444 8888 CCCC	000000 = 0000 4444 8888 CCCC
DISPLAY 8000 - END	M2 STORAGE REQUESTED IS BEYOND ACTUAL MEMORY LIMITS	008000 = 0000 4444 8888 CCCC

图8-5 DISPLAY命令的测试用例输出结果

下一步是尽力排除这些原因。如果所有原因都排除掉了，那么需要退回去并扩充一下原因的清单。如果剩下来的原因超过了一个，那么就需要检验额外的测试用例以确定惟一的错误假设，或继续使用可能性最大的原因。由于我们手上还有其他测试用例，可以看到图8-5中的第二个测试用例似乎可以排除掉第1条假设，而第三个测试用例尽管产生了错误的结果，也似乎可以排除掉第2和第3条假设。

下一步是提炼第4条假设。它看上去足够具体，但直觉告诉我们实质的内容要比表面上看到的多。它看上去似乎是一个更为一般的错误实例。那么我们可以认为程序不能正确识别特殊的十六进制字符A～F。在其他测试用例中缺少这些字符，使得这听起来是一个行得通的解释。

然而我们不能马上得出结论，而应该首先考虑所有的已知信息。第四个测试用例可能代表一个完全不同的错误，也可能提供了一条关于当前错误的线索。假设系统的最高有效地址是7FFF，那么第四个测试用例将如何显示一个明显不存在的区域呢？显示的值是我们初始化后的值而不是无用的信息，这个事实让我们推测该命令不知何故显示了0～7FFF之间的某些内容。我们可能会想到，这种错误也许会发生在程序将命令的操作数当成十进制数（而不是规格说明中要求的十六进制数）的情况。第三个测试用例证实了这种假设，程序并未显示32个字节的内存单元的内容，[⊖]而仅显示了16个字节，这与我们的假设是一致的，即“11”被当做了十进制数。因此，提炼后的假设是，程序将字节数当做内存地址处理，并将输出列表中的内存地址当做十进制数。

⊖ 十六进制的“11”等于十进制的17，如果要显示十六进制的“11”个字节，则需要显示两行，即32个字节。——译者注最后的步骤是证明该假设。看一看第四个测试用例，如果8000被解读为十进制数，则对应的十六进制数是1F40，这样就会产生我们所看到的输出。作为进一步的证据，检查第二个测试用例。输出是不正确的，但如果21和29被当做十进制数，那么内存地址15～1D中的内容将被显示出来，这是与测试用例的错误结果是一致的。因此，我们几乎可以确切地定位错误了：程序认为操作数是十进制数，并将内存地址按十进制的值打印出来，这与规格说明是不符的。而且，这个错误似乎是造成所有四个测试用例产生错误结果的原因。经过一些思考，我们发现了这个错误，同时也解决了其他三个乍看起来毫不相关的问题。

注意，该错误可能在程序中的两个地方显现出来：解释输入命令的部分和在输出列表上打印内存地址的部分。

说句离题的话，这个可能由于错误理解规格说明而引起的错误进一步印证了我们的建议，即程序员不应该测试自己编写的程序。如果程序员在犯了这个错误之后仍然去设计测试用例，很有可能在编写测试用例时犯同样的错误。换句话说，程序员预料的输出将不同于图7-5所示的；这些输出将是按操作数是十进制数的理解而被计算出来的，因此这个基本的错误可能不会被察觉到。

8.4 回溯法调试

在小型程序中定位错误的一种有效方法是沿着程序的逻辑结构回溯不正确的结果，直到找出程序逻辑出错的位置。换句话说，从程序产生不正确结果（如打印了不正确的数据）的地方开始，从该处观察到的结果推断出程序变量应该是些什么值。在头脑中，从这个位置开始逆向执行程序，重复使用“如果程序在此处的状态是这样的，那么程序在上面位置的状态就必然是那样的”过程，就能很快定位出错误。使用这个过程，可以确定程序中从状态符合预期值的位置点，到第一个状态不符合预期值的位置点之间的范围。

8.5 测试法调试

最后一个“思维型”的调试方法是使用测试用例。这听起来可能有些奇怪，因为从本章一开始就将调试和测试区分了开来。然而，考虑下面两种类型的测试用例：供测试的测试用例，其目的是暴露出以前尚未发现的错误；供调试的测试用例，其目的是提供有用的信息，供定位某个被怀疑的错误之用。两者之间的区别是，供测试的测试用例会“胖”一些，因为我们尽量使用较少数量的测试用例来涵盖较多的条件，而供调试的测试用例则“瘦”一些，因为每个测试用例仅需要覆盖一个或几个条件。

换句话说，当发现了某个被怀疑的错误的症状之后，我们需要编写与原先有所变化的测试用例，尽量确定错误的位置。实际上，这种方法不是一个完全独立的方法；它常常结合归纳法一起使用，以获得进行假设和/或证明假设所需的信息。它也可以和演绎法一起使用，以排除有嫌疑的原因，提炼剩下的假设，并/或证明假设。

8.6 调试的原则

在本节中，我们将讨论一系列的调试原则，在实质上也是心理学的原则。与第2章的测试原则情况一样，这些调试原则有很多在直观上很明显，但却常常被遗忘或忽略。由于调试的过程由两部分组成，即定位错误及修改错误，因此我们也将讨论两类原则。

8.6.1 定位错误的原则

1. 动脑筋

前面的章节隐含指出，调试是一个解决问题的过程。最为有效的调试方法是动脑筋对错误症状的有关信息进行分析。一个高效的程序调试人员可以做到在不借助计算机的条件下就能定位大多数的错误。这里列出一些思考的诀窍：

- 让自己置身于安静、没有干扰的环境之中，这些干扰通常指同事的谈话声、打电话、手机铃声以及其他潜在的干扰因素，确保这些不会分散你的注意力。
- 不看代码，在脑海中思考程序是怎么设计的，并思考表现异常的地方本应该是什么样的。
- 把注意力集中在思考程序正确行为的过程上，并想象那些可能导致错误设计的代码实现方式。

在很多情况下，这种在进行实际调试之前的思考过程可以让你直接定位到出错的位置并帮助你快速解决问题。

2. 如果遇到了僵局，就留到稍后解决

人类的潜意识是一个潜在的问题求解器。我们经常提到的所谓灵感，其实就是当人类的意识停留在诸如吃东西、走路或看电影之上时，潜意识却正在思考另一个问题。如果在合理时间内（也许小型程序为30分钟，大一点的程序为几个小时），我们还不能定位某个问题，就丢开它，做些其他的事情，因为思维的效率开始明显下降。忘记这个问题一段时间之后，我们的潜意识可能已经解决了它，或者思维会焕然一新，可以重新检查问题的症状。

我们在近几年频繁使用此法，屡试不爽，不仅仅用在调试，而且也用在开发过程之中。这也需要通过一些实践和摸索来逐渐接受人类大脑的这一神奇功能，并有效利用之，但的确很管用。事实上很多问题的解法都是我们在睡觉的时候想出来的。为此，我们建议你在枕边放一个小型录音机、具有录音能力的电话、PDA或者一个记事本来及时捕获来自你睡梦中的灵感。

3. 如果遇到了困境，就把问题描述给其他人听

与其他人交谈可能会帮助我们发现一些新的东西。事实上，经常是仅仅将问题描述给一个好的倾听者时，我们就会突然找到问题的解决之道，而无须倾听者提供任何帮助。

4. 仅将调试工具作为第二种手段

在试过了其他的方法之后才使用调试工具，并将其作为头脑思考的辅助手段，而不是替代手段。正如本章前面所述，调试工具比如输出和跟踪工具，代表的是一种偶然的调试方法。经验证明，不使用工具的人即使在调试并不熟悉的程序时，也要比使用工具的人更为成功。

为什么应该这样？因为有时候依赖工具解决问题的确能够立即见效。但是如果对工具过分信赖和依靠，便很有可能减少对已经获得的线索的注意，而这些信息往往无须其他通用诊断工具的介入就能够帮助你直接解决问题。

5. 避免使用试验法——仅将其作为最后的手段

调试程序的新手最常犯的错误是为了解决问题而试验性地去修改程序。调试者可能会说：“我知道什么出错了，所以我要改动一下DO语句，看一看会发生什么”。这种纯粹是无计划的方法甚至不属于调试；它表现的是盲目的行动。它获得成功的机会不仅很小，而且还会将新的错误引入程序中，使问题更为复杂。

8.6.2 修改错误的技术

1. 存在一个缺陷的地方，很有可能还存在其他缺陷

这是对本书第2章原则的重申，即发现程序某个部分存在一个错误时，该部分存在其他错误的可能性要高于没有发现错误时的可能性。换句话说，错误有扎堆的倾向。在修改某个问题的同时，应检查一下紧临的地方，看看有没有任何可能是错误之处。

2. 应纠正错误本身，而不仅是其症状

另一个普遍的错误做法是只修改了错误的症状或仅仅是该错误的一个实例，而不是错误本身。如果所做的改正不符合错误的所有线索，那么可能只修改了错误的一部分。

3. 正确纠正错误的可能性并非100%

如果将这个观点告诉一些人，他们当然会表示赞同，但是如果将它说给正在修改错误的人听，答案就可能不一样了（"是的，对大多数情况是这样，但这个修改如此之小，它肯定百分之百地正确"）。我们永远也不要假设为纠正错误而增加到程序中的代码是正确的。用新的语句替换原来的语句，这种修改要远比程序中原先的代码更易发生错误。言外之意是应对错误的修改进行测试，也许比对原先程序的测试还要严格。一个严格的回归测试计划可以确保对某个错误的修改没有在程序的其他位置引入另外的错误。

4. 随着程序规模的增加，正确修改错误的可能性反而降低

换句话说，根据我们的经验，由于修改不正确而引入的错误与原始错误之比，在规模较大的程序中呈递增趋势。对于一个广泛使用的大型程序，每发现6个新错误，其中就有1个错误是由于先前对程序的改正而造成的。

如果你接受这个现实，接下来的问题就是怎么做才能避免修复问题的时候又引入新的问题？对于新手，不妨从上面前三点做起。一个错误的发现并不意味着所有的错误已被发现，必须确定你正在修复的是真正的错误而不是症状。

5. 应意识改正错误会引入新错误的可能性

我们不仅需要考虑到不正确的修改，而且还必须考虑到某个看似正确的修改会产生未料到的副作用，比如引入了一个新错误。不仅存在修改无效的可能，还存在修改引入了新错误的可能。言外之意是，不仅应在修改之后对错误的情境进行测试，还应执行回归测试以判断是否引入了新错误。

6. 修改错误的过程也是临时回到设计阶段的过程

我们应该认识到修改错误也是程序设计的一种形式。在认识到修改易产生错误的性质之后，常识告诉我们，在设计阶段使用的任何规程、方法和形式都同样适用于错误修改阶段。举例来说，如果项目证明代码检查很管用，那么在修改错误之后进行代码检查就显得倍加重要。

7. 应修改源代码，而不是目标代码

在调试大型系统，尤其是用汇编语言编写的系统时，偶尔会存在这样的修改错误的倾向，即先立即修改目标代码，稍后再修改源程序。这种方法带来了两个问题，(1) 这通常是“通过试验进行调试”的信号；(2) 目标代码与源程序不同步，这意味着当程序重新编译或重新汇编之后，同样的错误很容易又浮现出来。这是一种草率的、不专业的调试方法。

8.7 错误分析

有关程序调试最后一个应认识之处是，调试除了有消灭程序中错误的价值之外，还有其他重要作用：它可以告诉我们软件错误的一些本质，我们对此了解得非常之少。关于软件错误本质的信息可以为改进将来的设计、编码和测试过程提供有价值的反馈信息。

任何程序员和编程机构都可以从详细分析发现的错误，或至少一部分错误的过程中获得提高。错误分析是一项困难且费时的工作，相比“有百分之多少的错误是逻辑设计错误”、“有百分之多少的错误出现在IF语句中”这些肤浅的分类，它蕴涵的内容要多得多。详细的错误分析会包括如下内容：

- *错误出现在什么地方？*这个问题是最难回答的问题之一，它需要通过对程序文档和项目历史进行回溯研究，但同时它也是最有价值的问题。它要求我们指出该错误的源头和发生时间。举例来说，错误的源头可能是规格说明中的一个模棱两可的语句，对先前错误的一次修改，或对最终用户需求的一个错误理解。
- *谁制造了这个错误？*如果发现有60%的设计错误都是由10名软件分析师中的某个人犯下的，或某程序员犯的错是其他程序员的3倍，难道这不是相当有用吗？（不是为了处罚某人，而是为了进行培训。）
- *哪些做得不正确？*仅仅判断错误的发生时间和出现人员还不够，其中丢失的

环节是准确地判断出错误发生的原因。错误是由于某人写得不清楚？是由于某人缺乏对该编程语言的培训？是打字错误？假设做得不对？还是因为没有考虑有效输入？

- *如何避免该错误的出现？* 在下一个项目中可以进行哪些调整以避免该问题的出现？此问题的答案就是我们所寻找的最为宝贵的反馈信息或知识。
- *为什么错误没有早些发现？* 如果错误是在测试阶段发现的，我们就应该研究为什么在更早些的测试阶段、代码审查和设计评审中没有发现该错误。
- *该如何更早地发现错误？* 这个问题的答案是另一个宝贵的反馈信息。该如何改进评审和测试过程以便在将来的项目中更早地发现同类型的错误？假设分析的问题不是由最终用户发现的（也就是说，是由测试用例发现的），我们就应意识发生了一些有价值的事情：我们编写了一个成功的测试用例。这个测试用例为什么会成功？我们是否能从中学习些什么，无论是针对该程序还是将来的程序，设计出更多的成功用例？

在这里我们重申，调试分析过程并非易事，甚至代价昂贵，但是你将发现为之付出的绝对值得，这对于后面的编程开发积攒了宝贵的经验，在提高了产品质量的同时也意味着节省了更多的开发维护成本。值得反思的是，绝大多数的程序员和程序开发团队都尚未使用这种方法。

8.8 小结

本书的主题是软件测试：如何才能发现尽可能多的错误？因此我们下一步不打算就调试这一话题做更多阐述。但是不容回避的现实是，在执行测试用例并成功捕获了错误之后，下一步就轮到对错误进行调试了。

这一章我们涉猎了软件调试的一些重要知识。我们从最不理想的方法——暴力调试讲起，暴力调试通常需要使用内存快照信息分析技术、在程序中插入打印语句或者自动化工具等。暴力调试方法或许能够帮你找到错误，但这并不是最有效率的调试方法。

之后我们示范了如何从研究错误症状或线索起步，继而进行全局归纳分析（归纳调试法）。另一种调试的常用技术是排除法，通过逐层分析，抽丝剥茧，最后完成错误定位（演绎法调试）。我们还介绍了回溯法调试，从程序错误的地方往前回溯，直到错误发源地。最后我们讨论了测试法调试。

然后，如果我们只能提供一条行之有效的调试方法，回顾本章总结的一些调试原则，都有一个共同的方法，那就是“思考！”。通过这些原则对错误进行思考，才能向着精确和高效调试的道路上迈进。不过这一切的基础都构建在你对程序本身的了解和掌握程度上。不要禁锢你的思维，打开它，听从它对你经验的调度，让你的知识和潜意识引导你走向最终错误定位之路。

在下一章，我们的主题会切换到极限测试，这门技术将指导你在诸如极限编程这样的敏捷开发环境中如何进行测试。

第 9 章
Chapter 9

敏捷开发模式下的测试

全球市场竞争的日趋激烈和一体化进程，驱使着今天的商业项目不断缩短发布时间，同时还要不断地为客户提供更高品质的产品。在软件行业尤其如此，特别是互联网的普及使得软件应用和服务具备了即时发布的可能。不管产品针对的群体是普通大众还是企业的人事部，一个铁的事实告诉我们：21世纪的客户对能够立即发布的高质量应用产品总是求“贤”若渴，青睐有加。可遗憾的是老一套传统的开发模式已经不能够适应这种激烈的竞争环境了。

在本世纪之初，一批来自各个领域的开发人员走到了一起，开始讨论轻量化和快速的开发方法在当时的状况。在会议上他们注意比较那些成功的软件项目的特点，以及究竟是什么因素使得一些项目成功，而另一些项目却陷入步履维艰的境地。在会议的最后，他们创建了那份著名的《敏捷软件开发宣言》（简称《敏捷宣言》），它成为敏捷运动的基石。这不是一份抽象的方法论集合，《敏捷宣言》（见图9-1）并没有提供任何死板僵化的开发方法和复杂的技术结构层次，而更像是一份针对客户和开发个体的箴言警句集。

> 我们一直在实践中探寻更好的软件开发方法，身体力行的同时也帮助他人。由此我们建立了如下价值观：
>
> **个体和互动** 高于 流程和工具
>
> **工作的软件** 高于 详尽的文档
>
> **客户合作** 高于 合同谈判
>
> **响应变化** 高于 遵循计划
>
> 也就是说，尽管右项有其价值，我们更重视左项的价值。

图9-1 《敏捷软件开发宣言》

Kent Beck	Mike Beedle	Arie van Bennekum
Alistair Cockburn	Ward Cunningham	Martin Fowler
James Grenning	Jim Highsmith	Andrew Hunt
Ron Jeffries	Jon Kern	Brian Marick
Robert C. Martin	Steve Mellor	Ken Schwaber
	Jeff Sutherland	Dave Thomas

图9-1 （续）

9.1 敏捷开发的特征

敏捷开发提倡迭代式和增量式的开发模式，并强调测试在其中的重要作用。这是一个围绕以用户为中心、以客户需求为导向的开发过程，在此过程中随时做好“迎接变化”的准备。所有传统软件开发方式的特点不是忽视就是轻视了客户的重要性。尽管敏捷方法引入了灵活性，但其重点仍在于客户满意度。客户是敏捷的关键环节，也就是说，如果没有客户的参与，敏捷方法等同失败。如果客户了解到设计人员热忱欢迎他们的参与，那这有助于增加客户对最终产品和开发团队的信心和满意度。如果客户并不打算参与进来，那么选择一些传统的开发流程可能会更好。

出乎意料的是敏捷开发没有单一固定的开发方法或过程，很多快速的开发模式都可以看做是敏捷。然而这些模式的确有三个共同点：依赖客户的参与、测试驱动以及紧凑的迭代开发周期。本书不会对于每一种模式都进行详细的分析，不过表9-1给出了我们确认的几种敏捷开发模式，并且相应的简洁描述也已给出（同时我们希望读者能够进一步学习它们，以便更深刻领会《敏捷宣言》的要旨）。另外，本章稍后会以其中较为流行的极限编程为例进行详细剖析，以提供案例学习。

这里值得注意的是，有些敏捷方法只不过是对传统软件开发过程的整合和选取。核心统一过程（Essential Unified Process，EssUP）便是如此。EssUP首先吸取了统一软件过程以及其他著名的软件开发过程模型中契合敏捷思想的部分，然后通过有机整合而成。

表9-1　敏捷开发方法列要

方　法	描　述
敏捷建模	不是一种建模方法，而是一组建模以及文档化软件系统的原则和惯例，用以支撑其他诸如极限编程和Scrum等敏捷方法
敏捷统一过程	为敏捷量身定做的统一软件过程（RUP）的精简版
动态系统开发方法	基于快速软件开发方法，依赖于客户的持续参与，使用迭代式和增量式的开发模式，目标是软件能够在预算之内及时交付
核心统一过程（EssUP）	有的放矢，只选择统一软件过程中那些适合当前项目的实践（如用例驱动和团队编程）不管是否需要，RUP通常使用所有实践
极限编程	另一种迭代式和增量式的开发模式，非常强调并依赖单元测试和验收测试，也许是最著名的敏捷方法
功能驱动开发（FDD）	使用工业界的最佳实践，以客户提供的功能需求为驱动，频繁发布小版本，使用领域对象建模以及组建功能团队
开放统一过程	这种敏捷方法实现了标准的统一过程，采纳该方法的软件组能够做到快速开发其产品
Scrum	一种迭代式和增量式的项目管理方法，支持多个敏捷开发模式
进度跟踪	适用所有的敏捷方法，用来度量敏捷开发的速度以及进度

现在我们面临的挑战就是正确选择敏捷方法，这通常需要开发人员、管理人员以及客户的通力合作。而不断的测试以及充分地与客户互动将使产品最终获益并顺利发布。

9.2　敏捷测试

本质上，敏捷测试是协同测试的一种形式，它要求每一个人都参与到测试计划的设计、实现以及执行中去。客户通过定义用例以及程序属性参与到定义验收测试的设计中来。开发者和测试者共同打造可以进行功能自动化的测试配件。敏捷测试需要每个人都参与测试过程中，这往往伴随着大量的沟通与协作工作。

和敏捷开发的大多数特征无异，敏捷测试需要客户尽早参与到开发周期中来并一直到其结束。举个例子，一旦开发者的代码库稳定之后，客户需要开始验收测试并向开发团队提供反馈。这同时也意味着测试并不是独立的一个阶段，而是和开发过程紧密联系并驱动开发。

为了保证交付验收测试的产品是稳定的版本，开发者通常从创建单元测试开始，然后实现软件单元代码。单元测试是失败验证测试，开发者从破坏的角度设计这些测试用例。这意味着在实现软件功能的时候一定要有错误处理的代码来“测试”自己的测试用例。而一旦测试配件准备就位，开发者就开始编写可以通过单元测试验证的代码。

快速软件开发需要更及时的反馈，敏捷测试依赖于自动化测试。因为开发周期很短，所以时间宝贵，而自动化测试相比较人工测试更可靠。不仅仅是因为人工测试耗费时间，而且人工测试本身往往容易产生错误。现在已经有大量的开源和商业测试套件可用，使用什么样的工具并不重要，只要保证测试和开发工作在相同的环境和工具下就没问题。尽管有些问题必须通过探索性的手工测试才能发现，但是人们还是更加青睐自动化测试。

敏捷开发环境常常由小型作战团队构成，这里开发人员也要分饰测试角色。拥有较多资源的大一点的项目会配备一个独立的测试工程师或一个测试小组。不管是测试工程师还是测试小组，测试者都不能仅仅是把问题找出来并交给开发人员修复，他们的任务是通过持续的测试反馈推动项目前行，帮助开发者修复bug、改变需求设计以及其他的一般性质量提升。

敏捷测试的精神很好地契合了极限编程方法对单元测试先行的需求，因而我们接下来部分将重点讨论极限编程和极限测试。

9.3 极限编程与测试

20世纪90年代出现了一种名为极限编程（eXtreme Programming，XP）的新型软件开发方法。一位名叫Kent Beck的项目经理设计了这种轻量、敏捷的开发过程，并于1996年在戴姆勒-克莱斯勒公司的项目中进行了首次测试。尽管此后出现了其他几种敏捷软件开法过程，但XP至今还是最流行的敏捷软件开发过程。事实上，现在已有众多的开源代码工具支持这种方法，这也证明了XP在开发人员和项目经理中的流行程度。

开发XP很可能是为了支持诸如Java、Visual Basic及C#等编程语言的应用。

这些面向对象的语言使得开发人员能够更迅速地开发大型复杂应用，比使用传统的C、Fortran或COBOL语言更快。使用后者开发程序常常需要构建通用的类库来支持代码编写。诸如打印、排序、联网和统计分析等通用任务的实现方法并不是标准的构件。而C#和Java等编程语言都含有全功能的应用编程接口（API），消除或减少了构件自定义类库的需要。

然而，伴随着快速应用开发语言带来的好处，不利之处也随之显现。虽然当时开发人员可以更快地开发应用程序，但其质量未得到保证，程序经常不能满足客户的规格要求和期望，而XP开发方法的目的是短时间内开发高质量的程序。传统的软件开发过程依然在发挥作用，但往往需要很多时间，在竞争激烈的软件开发领域这就相当于损失了收入。

XP模型除了需要客户参与之外，还高度依赖模块的单元和验收测试。总体来说，对任何一个递增的代码变更，开发人员都必须进行单元测试，以确保代码库满足其规格说明的要求。事实上，测试在XP中的地位非常重要，所以需要首先创建单元（模块）测试和验收测试，然后才能创建代码库。这种形式的测试称为极限测试（eXtreme Testing，XT）。

9.3.1 极限编程基础

如前所述，XP是一种可以使开发人员快速生产高质量代码的软件开发过程。在这种情况下，我们可以将“质量”定义为代码库对其设计的规格以及客户的满意程度。

XP的关注点是：

- 实现简单的设计。
- 开发人员与客户的沟通协作。
- 不断地测试代码库。
- 重构以适应规格说明的变更。
- 寻求用户的反馈。

XP更倾向于适合中小规模的软件开发，这些软件的规格说明变更非常频繁，而且它们还可以进行接近实时的沟通。

XP与传统的开发过程相比有以下几处不同。首先，它避免了大规模项目的综合症，这种综合症即指在开始编码之前客户与编程小组碰头，设计软件的每一个细节。项目经理都知道这种做法的缺陷，其中最大的一个缺陷是为了反映新的业务准则或市场情况，客户的规格说明和需求必须不停地变更。举例来说，财务部门可能要求工资报表按处理时间而不是按支票号码进行排序，而营销部门可能会判断出如果顾客在网站注册而没发电子邮件的话，该客户将不会购买某产品。而XP的策划阶段的重点将集中于收集应用程序的一般性需求，而非在所有的小细节上。

XP方法的另一个不同之处是避免了编写不需要的功能。如果客户认为某个功能虽然需要，但并不要求实现它，那么在软件开发时通常不包含此项功能。因此我们可以将重心集中在正在开发的任务上，为软件产品增加价值。将精力集中在必需的功能之上，这有助于在短时间内开发出高质量的软件。

不过，XP方法的主要不同之处是其将精力集中在测试上。在经历了一个非常全面的设计阶段之后，传统的软件开发模型会建议首先编码，然后才生成测试接口。但在XP方法中，我们必须首先生成单元测试用例，然后才编写代码通过测试。根据第5章中讨论的概念，可以设计出XP环境中的单元测试。

XP开发模型用12个核心实践来驱动该过程。表9-2总结了这些实践。简单来说，这12个核心的XP实践可以归纳为4个概念：

1. 聆听客户和其他程序员的谈话。

2. 与客户合作，开发应用程序的规格说明和测试用例。

3. 结对编程。

4. 反复测试代码库。

表9-2中所列的由每个实践提供的大多数注释都是不需要加以说明的。然而，有几个比较重要的原则（主要是指计划和测试），有必要做进一步讨论。

表9-2　极限编程的12个实践

实　践	注　解
1. 计划与需求分析	• 将市场和业务开发人员集中起来，共同确认每个软件特征的最大商业价值 • 以使用场景的形式重新编写每个重要的软件特征 • 程序员估计完成每个使用场景的时间 • 客户根据估计时间和商业价值选择软件的功能特征
2. 小规模、递增地发布	努力添加细微的、实在的、可增值的特征，频繁发布新版本
3. 系统隐喻	编程小组确认隐喻，便于建立命名规则和程序流程
4. 简要设计	实现最简单的设计，使代码通过单元测试。假设变更即将发生，因此不要在设计上花太多时间，只是不停地实现
5. 连续测试	在编写模块之前就生成单元测试用例。模块只有在通过单元测试之后才告完成。此外，程序只有在通过了所有的单元测试和验收测试完成之后才算结束
6. 重构	清理和调整代码库。单元测试有助于确保在此过程中不破坏程序的功能。应在任何重构之后重新进行所有的单元测试
7. 结对编程	两位程序员协同工作，在同一台机器开发代码库。这样就可以对代码进行实时检查，能极大地提高缺陷的发现率和纠正率
8. 代码的集体所有权	所有代码归全体程序员所有，没有哪一个程序员只致力于开发某一个代码库
9. 持续集成	每天在变更通过单元测试之后将其集成到代码库中

（续）

实　践	注　解
10. 每周40小时工作	不允许加班。如果每周都全力工作了40小时，就不需要加班。在重大发布前的一星期例外
11. 客户在现场	开发人员和编程小组可以随时接触客户，这样可以快速、准确地解决问题，使开发过程不至于中断
12. 按标准编码	所有的代码看上去必须一致。设计一个系统隐喻有助于满足该原则

9.3.1.1 XP计划

一个成功的计划阶段将为整个XP过程奠定了基础。XP的计划阶段和传统开发模型不同，通常需求收集与应用设计结合起来。XP中的计划重点是确定客户的应用需求，然后设计使用场景（或用例故事，User Story）来满足客户的应用需求。通过生成使用场景，可以深入地洞悉应用程序的目的和需求。此外，客户在一个开发周期的最后阶段执行验收测试也可以用到这些使用场景。最后，计划阶段带来的一个无形的好处是，用户通过深入地参与进来，从而获得对于程序的拥有感和信心。

9.3.1.2 XP测试

基于XP的方法取得成功的关键是进行连续的测试。虽然连续测试的原则包含了验收测试，但单元测试占了主要的部分。设计单元测试是用来导致程序失败。只有确保你的测试能够探测到错误，你才能开始修改你的代码以期它能通过测试。确保单元测试可以捕获错误，这是测试工作的关键，也是树立开发人员信心的关键。这时，开发人员可以放心地使用不同的实现方法编写代码，因为他们知道一旦有错误便会被单元测试捕获到。

我们应该确保代码的任何变更都改进了软件的质量，并且没有引入新的缺陷。连续测试的原则同样也支持为优化和调整代码库所进行的重构。持续的测试还会带来刚刚提到过的一个无形的好处，即信心。编程小组对代码库持有信心，源于用单元测试对代码库不断地进行验证。此外，客户对投资的信心也会高涨，因为他们知道代码库每天都会通过单元测试。

9.3.1.3 XP项目的示例

上面我们已经描述了XP过程的12个实践，那么典型的XP项目是如何运作的呢？下面是一个简单的例子，列举了一个基于XP的项目可能具有的特征：

1. 程序员与客户会晤，决定产品需求并建立使用场景。
2. 在客户不在场的情况下，程序员进行会晤，将需求分解为独立的任务，并估计完成每项任务所需的时间。
3. 程序员向客户提交任务清单和时间估计，并要求客户产生一个功能优先级清单。
4. 编程小组依据程序员具备的能力，将任务分配给结对的程序员。
5. 每一对程序员依据应用程序的规格说明，对其编程任务生成单元测试用例。
6. 每一对程序员完成其任务，旨在编写出通过单元测试的代码库。
7. 每一对程序员在所有单元测试通过之前，不断修改和重测他们的代码。
8. 所有的结对程序员每天都整合、集成他们的代码库。
9. 编程小组发布应用程序的一个预览版本。
10. 客户进行验收测试，要么确认该应用程序，要么提交一份报告指出存在的bug或不足。
11. 程序员在验收测试成功的基础上发布一个产品版本。
12. 程序员根据最新的经验更新时间估计。

尽管XP方法魅力无穷，但它并不适合于所有的项目或机构。XP倡导者总结道，如果编程小组进行了全部的12个实践，那么成功开发应用程序的机会就会显著提高。而批评者则认为，由于XP是一个过程，因此要么12个实践全部做到，要么一个也别做。如果漏掉了一个实践，那么XP应用得就不彻底，程序的质量就会受到影响。此外，批评者还认为，在未来修改程序以增加新的功能，其代价要高于起初就将功能加入需求中并进行编码的代价。最后，一些程序员发现结对编程十分不便并侵犯隐私，所以，他们并不接受XP思想。

无论你个人是何种意见。我们还是建议你将XP视为完成项目的一种方法。应当根据项目的具体特点，仔细衡量XP方法的利弊，并基于具体情况作出最佳选择。

9.3.2 极限测试：概念

为了满足XP的流程和思想，开发人员使用了极限测试方法，该方法强调连续测试。正如本章前面所提到的，极限测试主要由两种类型的测试组成：单元测试和验收测试。设计测试用例时所采用的原理与第5章描述的原理没有明显差异，但是在开发过程的哪个阶段设计测试用例则有所不同。尽管如此，极限测试和传统测试的目标仍然相同：即确定程序中的错误。

本节的余下部分将从极限编程的角度，提供关于单元测试和验收测试的更多信息。

9.3.2.1 极限单元测试

单元测试是极限测试中采用的主要测试方法，它具有两条简单规则：所有代码模块在编码开始之前必须设计好单元测试用例，在产品发布之前须通过单元测试。乍看起来，这些原则似乎不太极端。但是，极限测试中的单元测试与前面描述的单元测试之间的最大差别在于，极限测试中的单元测试必须在模块编码之前就完成设计和生成。

起初我们可能会迷惑为什么，或者如何为尚未编写出的代码设计测试驱动程序。我们可能还会想到，没有设计测试的时间，因为应用程序的开发必须满足时间限制。这些考虑都是合理的，也容易克服。下面列出了在开始编码之前设计单元测试所带来的一些好处：

- 获得了代码将满足其规格说明的信心。
- 在开始编码之前，就展现了代码的最终结果。
- 更好地理解了应用程序的规格说明和需求。
- 可以先实现一些简单的设计，稍后再放心地重构代码以改善程序的性能，而无须担心破坏应用程序的规格说明。

在这些优点中，获得对应用程序规格说明和需求的洞察和理解不应被低估。举例来说，如果编码开始在先，我们可能无法充分理解程序输入值允许的数据类型和边界值。那么在不理解允许的输入的情况下，如何能够编写单元测试以执行边界分析呢？程序是否只接受数字、字符或两者都可以？如果首先设计单元测试，就必须理解规格说明。首先设计单元测试的做法就是XP方法的闪光点，因为它迫使我们在开始编码之前，首先理解规格说明，排除了混淆。

正如第5章所述，我们需要确定单元的范围。由于目前常用的编程语言，如Java、C#、Visual Basic大部分是面向对象的，因此模块常常就是类，或者甚至是单个的类方法。我们有时可以将“模块”定义为代表特定功能的一组类或方法。仅有程序员本人才知道程序的结构，以及任何最佳地为其设计单元测试。

即使是为最小的程序人工进行单元测试，也是一项让人生畏的工作。随着程序规模的增加，可能要设计数以百计，甚至数以千计的单元测试。因此，通常要采用一个自动化的软件测试套件来减轻连续执行单元测试的负担。在这些测试套件的帮助下，编写测试脚本，然后执行全部或其中的一部分。除此之外，测试套件通常可以生成报告，并对应用程序中频繁出现的缺陷进行分类。该信息可以帮助我们在将来主动清除这些缺陷。

非常有趣的是，一旦设计并验证了单元测试，这些“测试”用例代码库就与试图编写的应用软件程序一样有价值。因此，应当将这些测试用例保存在一个代码库中。此外，还应确保进行足够的备份，并具备所需的安全保密措施。

9.3.2.2 验收测试

验收测试是XP方法中第二类、也是同等重要的极限测试类型。验收测试的目的是判断应用程序是否满足如功能性和易用性等其他需求。在设计/计划阶段，由开发人员和客户来设计验收测试。

与迄今为止讨论的其他测试形式不同，验收测试是由客户，而不是开发人员或编程搭档来执行的。在这种方式中，客户对应用程序是否满足他们的要求进行客观、公正的确认。客户通过使用场景来设计验收测试。使用场景与验收测试之比通常是一对多，也就是说，每一个使用场景都可能需要不止一个的验收测试。

极限测试中的验收测试可以是自动化或非自动化的。举例来说，当客户必须确认某个用户输入界面的颜色和屏幕布局是否满足其规格说明时，所进行的测试是非自动化的。当应用程序须通过采用某些数据源（比如用二维表格模拟生产数据）作为输入数据来计算工资表格的值时，所进行的测试则是自动化的。

客户使用验收测试来验证应用程序是否得到了预期的结果。如果与预期结果不一致，即被当做一个缺陷，报告给开发小组。如果客户发现了多个缺陷，那么在将列表传递给开发小组之前，得对缺陷进行优先级别排序。当缺陷被修正，或程序中发生任何变更时，客户都需要重新执行验收测试。从这点来看，验收测试也是回归测试的一种形式。

需要特别提醒的是，程序可能通过所有的单元测试，却不能通过验收测试。为什么会这样呢？因为单元测试是确认程序单元是否满足特定的规格说明，如工资扣除计算是否正确，而并非具体的可操作性或审美特性。对于商用软件来说，产品的外观和感觉是非常重要的部分。理解了规格说明，但不理解其可操作性，通常会发生这种情况。

9.3.3　极限测试的应用

在本节中，我们开发了一个小型的Java应用程序，并通过使用JUnit（一个基于Java的开源单元测试套件）来描述极限测试的概念（见图9-2）。例子本身很小，但其概念可适用于大多数的编程环境。

> JUnit是一个可以免费获得的开源工具，用于在极限编程环境下对Java应用程序进行自动化的单元测试。设计者Kent Beck 和 Erich Gamma开发JUnit来支持极限编程环境下进行的单元测试。JUnit非常小，但非常灵活，并且功能丰富。我们可以设计单个测试或一系列的测试。可以自动生成报告，详细描述错误的信息。
>
> 在使用JUnit或任何测试套件之前，须充分了解如何使用它。JUnit非常强大，但只有掌握了其API之后才会发挥作用。然而，无论是否采纳XP方法，JUnit都是一个对代码进行合理检查的有用工具。
>
> 访问www.junit.org，可以获得更多的信息，并可下载该测试套件。另外，该站点还提供关于极限编程和极限测试的丰富信息。

图9-2　JUnit描述与背景资料

我们的例子是一个命令行应用程序，仅判断输入值是否为素数。为简洁起见，程序的源代码check4Prime.java及其测试配件（test harness）check4PrimeTest.java列在附录A中。在本节中，我们节选了程序片段来说明主要的思路。

程序的规格说明如下：

> 开发一个命令行的应用程序，接收一个正整数n（$0\leqslant n\leqslant 1\,000$），判断$n$是否为素数。如果$n$为素数，程序应返回信息，说明其为素数。如果$n$不是素数，程序也应返回信息，说明其不为素数。如果$n$不是一个有效的输入，程序应显示一条帮助信息。

遵循XP方法及第5章中列举的原则，我们从设计单元测试开始。对于这个应用程序，可以确定出两个具体的任务：确认输入和判断素数。我们可以分别使用黑盒与白盒测试方法、边界值分析方法和判定覆盖准则。然而，极限测试要求使用一个独立的黑盒测试方法，消除所有的偏见。

9.3.3.1　测试用例设计

设计测试用例首先从确认测试方法开始。在本例中，我们将使用边界值分析方法对输入进行确认，因为程序只能接受固定范围内的正整数，所有其他的输入值，包括字符数据类型和负数都会产生错误，不能被使用。当然，我们可以这样处理本例，将输入确认划归到判定覆盖准则中，因为程序必须判断输入是否有效。这里一个重要的概念是，在设计测试时必须确定使用某个测试方法。

使用确定的测试方法，根据可能的输入和预期的输出结果开发一份测试用例列表。表9-3显示了确认的8个测试用例（注意：我们采用了一个非常简单的例子来说明极限测试的基本理论。在实际中，会遇到更详细的程序规格说明，可能包含诸如用户界面需求和输出用语措辞等内容。因此，测试用例列表可能会增长很多）。

表9-3　check4Prime.java的测试用例

用例编号	输　入	预期的输出	注　解
1	$n=3$	确定n为素数	对有效素数的测试 对边界范围内输入的测试
2	$n=1\,000$	确定n不为素数	对等于上边界输入的测试 对n不为素数情况的测试
3	$n=0$	确定n不为素数	对等于下边界输入的测试
4	$n=-1$	显示帮助信息	对低于下边界输入的测试
5	$n=1\,001$	显示帮助信息	对高于上边界输入的测试
6	$n=$ “a”	显示帮助信息	对输入为整数而非字符类型的测试
7	两个或两个以上的输入	显示帮助信息	对输入值的正确个数的测试
8	n为空（空格）	显示帮助信息	对输入值为空时的测试

表9-3中的测试用例1结合了两个测试需求。它检查了输入是否为有效的素数，以及程序如何处理有效的输入值。可以在本测试中使用任何有效的素数。附录B提供了一份小于1 000的可用素数的清单。

使用测试用例2同样会测试到两个需求：当输入值等于上边界，或输入值不是素数时会发生什么情况？这个测试用例本可以被分解为两个单元测试，但软件测试总的目标之一是在足以检查出错误的前提下，使测试用例的数量最小。

测试用例3检查有效输入的下边界，以及测试无效的素数。此项检查的第二部分是不需要的，因为测试用例2已经处理了此需求，但仍然被默认地包括进来，因为0不是素数。

测试用例4和测试用例5保证了输入是在规定的范围之内，即大于或等于0，且小于或等于1 000。

测试用例6测试应用程序是否可以正确地处理字符输入值。由于我们所做的是数学运算，因此很明显，程序必须拒绝字符类型的输入。该测试用例假定Java会进行数据类型的检查，当输入无效的数据类型时，应用程序必须能够处理发生的异常。该测试用例确保异常得到了处理。最后，测试用例7和测试用例8检查输入值的正确个数，任何超过1个的输入都会发生失效。

9.3.3.2 测试驱动器及其应用

既然我们已经设计出了两类测试用例，那么就可以生成测试驱动器类check4PrimeTest。表9-4将check4PrimeTest中的JUnit方法与覆盖的测试用例对应起来。

表9-4 测试驱动器的方法

方 法	检查到的测试用例
testCheckPrime_true( )	1
testCheckPrime_false( )	2,3
testCheck4Prime_checkArgs_char_input( )	6
testCheck4Prime_checkArgs_above_upper_bound( )	5
testCheck4Prime_checkArgs_neg_input( )	4
testCheck4Prime_checkArgs_2_inputs( )	7
testCheck4Prime_checkArgs_0_inputs( )	8

注意，testCheckPrime_false()方法测试了两种状态，因为边界值并不是素数。因此，我们可以采用一个测试方法来检查边界值错误和无效素数。仔细检查该方法可以发现，两个测试用例确实在其内部被执行到。以下是附录A中列举的check4JavaTest类中一个完整的JUnit方法。

```
public void testCheckPrime_false(){
  assertFalse(check4prime.primeCheck(0));
  assertFalse(check4prime.primeCheck(10000));
}
```

注意，JUnit方法assertFalse()对提供给它的参数进行检查，看看是否有误。参数必须是布尔类型，或是一个返回值为布尔类型的函数。如果返回的是“false”，则测试可视为成功。

这个程序片段还提供了一个首先设计测试用例和测试配件所带来好处的例子。可以看到，assertFalse()方法中的参数是check4prime.primeCheck(n)方法。这个方法会出现在应用程序的某个类中。首先进行测试设计迫使我们思考该应用程序的结构。从某些方面来讲，应用程序是按照测试配件设计出来的。这里我们需要一个方法来检查输入是否为素数，因此在应用程序中我们将其包括进来。

测试设计结束之后，就可以开始程序编码了。根据程序规格说明，测试用例、测试配件以及最后的Java程序都由单个check4Prime类组成，其定义如下：

```
public class check4Prime {
      public static void main (String [] args)
      public void checkArgs(String [] args) throws Exception
      public boolean primeCheck (int num)
}
```

简单地说，根据Java程序的定义，main( )过程提供了应用程序的入口点。checkArgs( )方法判断输入值n是个正数，$0 \leqslant n \leqslant 1\,000$。primeCheck( )过程对照一个已计算出的素数列表来检查输入值。我们采用Eratosthenes筛选法来快速计算素数。由于涉及的素数数量比较小，此方法是可以接受的。

9.4 小结

今天日益白热化的软件市场竞争对产品的发布速度提出了越来越苛刻的要求，严格遵循敏捷开发过程，为我们提供了一条通往更快速、更高品质软件的康庄大道，而这显然要比传统软件开发方法更有效率。幸福终点站就是客户心满意足的微笑，不管他们来自哪里。

极限编程模型是主流敏捷开发方法之一，这种轻量级的开发过程主要把目光集中于沟通、计划以及测试。极限编程中的测试称为“极限测试”。极限测式的重点在于单元测试和验收测试。一旦代码库发生变更，就需要进行单元测试。在重要的发布结点，由客户来执行验收测试。

极限测试还要求程序员在开始程序编码之前，要根据程序的规格说明设计测试配件。在这种方式中，开发的程序要通过单元测试，从而提高该程序满足其规格说明的概率。

第 10 章
Chapter 10

互联网应用测试

“旧时王谢堂前燕，飞入平常百姓家。”用这句诗来形容互联网应用这几年的发展再合适不过了。就在几年前，虽然那个时候的互联网应用已俨然成为时代的弄潮儿，但是似乎还是带点“阳春白雪”的味道，而今天的互联网应用则是遍地开花，百家争鸣，是实实在在的“下里巴人”。我们的客户、职员和商业合作伙伴都期望能够提供Web服务，互联网在人们的心中已经从一个奢侈选项变成必选项了。这种对互联网的应用不仅仅拘囿于商业，现在大多数的教会、民间团体、学校以及政府部门都提供对外服务的互联网窗口。

一般来说，中小型企业开通的是简单的Web页面，用以推销他们的产品和服务。大型企业则通常搭建起功能齐备的电子商务交易平台来销售其产品，从饼干到汽车，从咨询服务到仅存于互联网上的整个虚拟公司。

互联网应用系统本质上是C/S模式的程序，客户端是Web浏览器，而服务端是Web或应用服务器。尽管概念都很简单，但这些程序的复杂程度却大不相同。有些公司建立了B2C的应用系统，如银行服务或零售业，而有些公司则构建了B2B的应用系统，如供应链管理。这些不同类型的Web站点的开发、用户呈现/用户界面策略大相径庭，而且我们可以想象得到，这些不同网站的测试方法也不尽相同。

测试基于互联网的应用系统的目标与测试传统程序并没有什么区别。必须在程序部署到互联网之前暴露其中存在的错误。而且由于这些应用系统比较复杂，各部件之间紧密耦合，因此很有可能会发现大量的错误。

不要放松对互联网应用错误的警惕。我们来看看B2C领域，它借助互联网为买家提供了一个购买商品和服务的场所，由于其特有平台开放性和易访问性，B2C应用领域的竞争非常激烈。而消费者的期望也很高，如果网站无法做到快速响应并提供更直观的浏览功能，用户就有可能会转到别的站点进行交易。搜索和信息类的站点也同样面临这个问题，这些网站通常依靠广告和用户捐赠过活，不管哪一种方式，用户都有可能因为有更好的选择而移情别恋，从而造成因用户活动和访问数减少，以至于丧失了很多收入。

看起来，消费者对互联网应用系统质量的期望，超过了对塑封包装的应用系统的要求。当人们购买了盒装产品并安装在计算机上之后，只要产品的质量达到"平均水平"，人们就会继续使用它。这样做的一个原因是既然人们已经为应用系统付了钱，那它一定是人们认为有用或期望的产品。应用系统即使不尽如人意，修改起来也不容易，因此只要程序至少能满足基本需求，用户就会继续使用它。然而在互联网上，应用系统如果质量一般，就可能导致客户转向竞争者的网站。如果网站的质量不好，不仅用户会离开，公司的形象也会受到影响。毕竟，有谁会乐于在一家连自己网站都做不好的公司里买车呢？无论是否喜欢，网站已成为公司新的第一印象。一般来说，消费者无须为访问网站付费，因此一旦面对的是一般化的网站设计或性能，人们可能会很快离开该网站。

本章涵盖了测试互联网应用系统的一些基本方面。这个主题庞大而复杂，有很多参考材料对此详细地进行了探讨。然而，我们会发现前面的章节中介绍的测试技术同样适用于测试互联网应用系统。虽然如此，由于Web应用系统与传统应用系统在功能和设计上的确存在差异，因此我们需要指出测试基于Web的应用系统的一些特殊之处。

10.1 电子商务的基本结构

在深入研究如何测试基于Web的应用系统之前，我们先概要分析一下三层C/S结构，这种结构应用在典型的基于互联网的电子商务应用系统中。从概念上来讲，每一层可作为一个具有清晰定义接口的黑盒。这个模型允许我们改变每一层的内部机制，而不必担心影响其他层。图10-1描述了每一层及大多数电子商务网站所使用的相关组件。

尽管客户端并非该结构中的正式一层，但客户端及其相关方面还是值得讨论的。尽管很多设备，如手机、冰箱、寻呼机和汽车正设计为可与互联网连接，但绝大多数对应用系统的访问都来自运行于计算机上的Web浏览器。在表现网站内容的方式方面，浏览器间大相径庭。正如我们将会在本章后面讨论的，浏览器兼容性的测试是互联网应用系统测试中的一项挑战。浏览器厂商基本上都遵循颁布

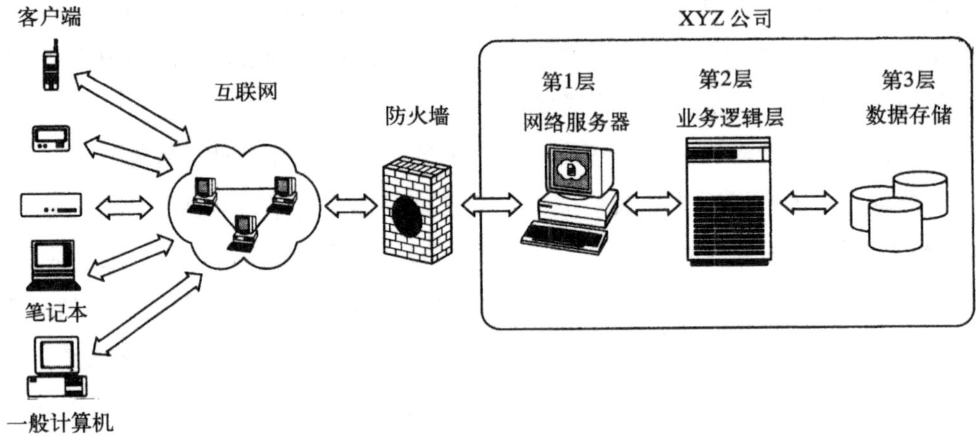

图10-1 典型的电子商务网站结构

的标准，有助于其浏览器稳定运行，但他们也在浏览器中内置了专有的增强特性，导致浏览器运行不稳定。还有些客户使用特制的应用系统，将互联网作为连接到某个特定网站的管道。在这种情况下，应用系统模仿了一个用于局域网的标准的C/S应用系统。

Web服务器代表三层结构中的第一层，运行Web网站。互联网应用系统的外观和感觉来自于第一层。因此，该层的另一个名称是“表示层”，如此称呼是因为该层将可视化了的内容提供给最终用户。Web服务器可使用静态超文本标志语言（HTML）或通用网关接口（CGI）脚本来生成动态HTML，但在大多数情况下它可能组合使用静态和动态页面。

第二层，又称“业务层”，运行应用服务器。在这里运行的软件模拟业务流程。下面列举的是一些与业务层有关的功能：

- 事务处理。
- 用户身份鉴定。
- 数据确认。
- 程序日志。

第三层的核心是从数据源，通常是从一个关系数据库管理系统（RDBMS）中存储和获取数据。第三层又称为“数据层”，包含与第二层进行通信的数据库设备。进入数据层的接口由数据模型定义，模型描述了如何进行数据存储。有时数据层由多个数据库服务器组成。一般情况下，需要调整该层中的数据库系统，以处理电子商务网站遇到的高事务量。除了数据库服务器之外，有些电子商务网站可能还在本层中安置了一台身份鉴定服务器。大多数情况下，网站会选择一台LDAP（轻量目录访问协议）服务器来完成该功能。

10.2 测试的挑战

在设计和测试基于互联网的应用系统时，由于有太多无法控制的因素，相互依赖的组件数量也非常之多，因此我们将会面临许多挑战。要对应用系统进行充分的测试，需要对客户使用的环境以及使用网站的方式作一些假设。

基于互联网的应用系统中引起失效的地方有很多，在设计测试方法时须考虑到。下面的清单提供的一些挑战例子，是在测试基于互联网的应用系统时所遇到的：

- 用户群庞大且五花八门。网站用户的能力参差不齐，使用的浏览器、操作系统和设备种类也不同。我们还应考虑到消费者访问网站时的信道速率也差别很大。不是每个人都使用T1或宽带连接互联网的。
- 业务环境。如果运行的是一个电子商务网站，那么必须考虑到诸如计算税费、判断运输成本、结算往来账务以及跟踪用户资料等问题。
- 地点。用户可能位于其他国家，在这种情况下，涉及处理国际化问题，如语言翻译、时差以及货币兑换等问题。
- 安全性。由于网站对外公开，因此必须保护其免受黑客攻击。黑客会发起拒绝服务攻击（DoS）使网站陷入瘫痪，或盗窃客户的信用卡信息。
- 测试环境。为了严格地测试应用系统，必须复制软件运行的环境，即使用与软件运行环境中相同的Web服务器、应用服务器和数据库服务器。为了得到最精确的测试结果，还需要建立相同的网络环境，包括路由器、交换机和防火墙。

即使从这个清单中（如果我们考虑更多开发人员和业务人员的观点，这个清单的长度会急剧增加），我们也可以看到，配置测试环境变成了电子商务开发中最具挑战性的方面之一。测试财务软件所需的工作量和成本最高。为了得到有效的测试结果，必须复制应用系统所使用的所有部件，无论是硬件还是软件。配置这样的环境是一项高成本的工作。不仅设备要花钱，人工也要成本。大多数公司在做应用系统预算时都没有将这些开销考虑进去。即使考虑了这些因素，往往也会低估时间和资金的要求。此外，测试环境还需要一份维护计划以支持应用系统的升级。

我们面临的另一个重要挑战是测试浏览器的兼容性。今天的市场上有几种不同的浏览器，每一种的操作都不相同。虽然已经有了浏览器功能的标准，但大多数开发商为了试验和赢得用户的忠诚，都对其浏览器的功能进行了增强。遗憾的是，这种做法导致了浏览器以非标准的方式运行。在本章的后续章节中我们将详细讨论这个问题。

尽管在测试基于互联网的应用系统时存在很多挑战，但应将测试工作集中在特定的领域内。表10-1指出了一些最重要的测试领域，有助于确保用户在使用网站时获得积极的体验。

表10-1 表示层、业务层和数据层测试的例子

表示层	业务层	数据层
• 确保字体在不同浏览器中都相同 • 检查以确保每一个链接都指向正确的文件或站点 • 检查图形以确保其分辨率和大小正确 • 对每一页进行拼写检查 • 让文字编辑检查语法和风格 • 在页面载入时检查光标位置，以确保其在正确的文本框中 • 检查以确保在页面载入时选中了默认的按钮 • 检查交互性操作的用户友好度反馈以及体验一致性 • 检查商业或行业的特定术语与风格的使用	• 检查消费税和送货费计算是否正确 • 确保提出的响应时间、吞吐率等性能指标得到了满足 • 验证事务正确完成 • 确保失败的事务回滚正确 • 确保正确采集数据	• 确保数据库操作满足性能要求 • 验证数据存储适当且正确 • 验证可使用当前备份来恢复 • 测试故障处理和冗余功能 • 测试数据加密和安全性（特别是信用卡和用户私人信息） • 测试后端数据输入与管理功能的可用性以及准确性

由于第一印象尤其重要，一些测试应集中在易用性和人机界面上。这方面关注软件的外观和感觉。用户是接受还是拒绝软件，字体、色彩和图形等因素在其中起着重要作用。

记住，对于互联网开发人员，要做到如下四不要：不要妄自揣测谁会使用自己的应用，因为谁都有可能；不要以为每个访问者都和自己一样精通计算机知识，他们也许对计算机一无所知；不要乐观地以为用户因网站导航体验不佳而还能保持浏览的兴趣，人家很可能抱怨了两句就去竞争对手那里了；不要天真地认为自己了解了所有用户对于性能和信息的终极需求。

系统的性能同样影响用户的第一印象。如前面所述，互联网用户需要的是即时得到满足。他们不会长时间地等待页面加载或事务的完成。的确，几秒钟的延时都可能导致客户转向其他网站。较差的性能也会导致客户怀疑网站的可靠性。因此，必须确定性能指标，并设计测试来暴露导致网站无法满足指标的原因。

用户要求在网站上购买商品或服务时，交易进行得迅速、准确。他们不会、也不能容忍账单或送货发生错误。如果软件处理财务结算不正确，会发现自己的赔偿超过了交易额，这不仅会失去一个客户，还可能更糟糕。

软件可能会收集数据，以便完成诸如购买、电子邮件注册等事务。因此，应确保所收集的数据是有效的。举例来说，应确保电话号码、ID号、金额、电子邮件地址及信用卡号长度正确、格式适当。此外，还应检查数据的完整性。由于字符集的原因，本地化问题容易因截尾操作破坏数据。

在互联网环境中，保持网站对客户的可用性至关重要。这需要为所有的支持软件和服务器设计和进行维护，如Web服务器和RDBMS等设备都需要高水平的管理。应当监控日志、系统资源和备份，以确保这些关键的设备不会发生故障。如第6章所述，要使这些系统的平均故障间隔时间（MTBF）最大，平均故障恢复时间（MTTR）最小。

最后，网络连通性是另一个需要重点测试的对象。在某些时间点，可以预料到网络连通性降低了。这种故障的原因可能是来自互联网本身、服务供应商或内部网络。因此，需要为应用系统和设备建立偶发事故应对计划，当系统中断时可以从容处理。遵循测试的宗旨，应该设计测试来验证这些计划。

10.3　测试的策略

为基于互联网的应用系统设计测试策略，需要对组成应用系统的每一个硬件和软件组件都有深入的了解。规格说明文档对于成功测试一般的应用程序非常关键，这里也需要一份规格说明文档来描述Web站点的预期功能和性能。如果没有这份文档，就无法设计出合适的测试。

需要测试的部件有内部开发的，也有从第三方购买的。对于内部开发的部件，可以使用前面章节中讨论的测试策略，其中包括生成单元/模块测试、执行代码审查等。仅在验证了这些部件符合设计规格说明、规格说明文档中描述的功能要求之后，方可将其集成到系统中。

如果部件是购买的，那么需要设计一系列的系统测试，以确认这些部件可以独立于应用程序正确执行。不要过分依赖供应商的质量控制程序来发现部件中的错误。理想情况下，完成这项工作应独立于应用程序的测试。仅当确定这些部件的表现可以被接受之后，方可集成它们。在应用程序中加入了运行不正常的第三方部件，很难解读测试结果、识别错误根源。一般来说，应使用黑盒测试方法来测试第三方部件，因为我们很难接触到部件的内部。

测试基于互联网的应用系统最好采用"分而治之"的方法。幸运的是，互联网应用系统的结构允许我们选出单个的区域来进行测试。图10-1描述了互联网应用系统的基本结构，图10-2描述了各层的详细视图。

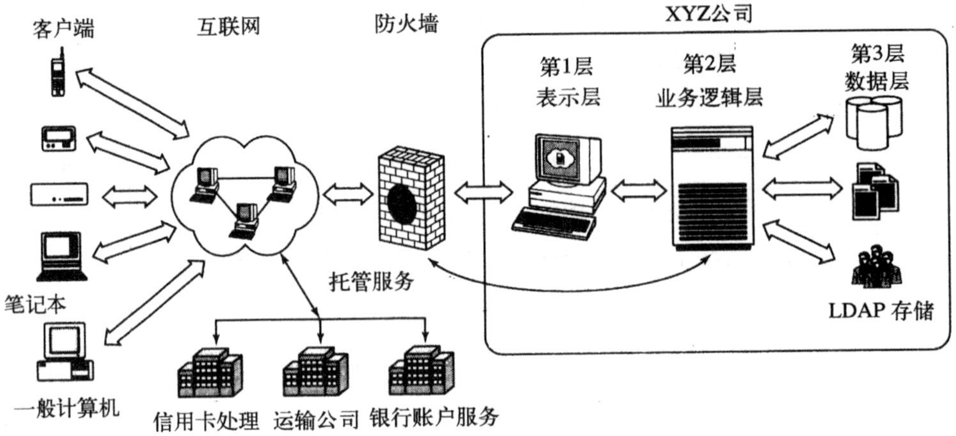

图10-2 互联网应用系统结构的详细视图

如本章前面所述，互联网应用系统被视为三层的C/S程序。图10-2中的每一层定义如下：

- *表示层*。互联网应用系统的这一层提供了GUI（图形用户接口）。
- *业务逻辑层*。该层模拟业务流程，比如用户身份验证、事务处理等。
- *数据访问层*。该层存储了供应用系统使用的或从最终用户收集来的数据。

每一层都有各自的特点，允许进行单独测试。对每一层进行独立的测试，可以使我们在开展完整的系统测试之前，更容易发现缺陷和错误。如果仅仅依赖系统测试，那么在确定发生问题的特定部件时，可能会遇到困难。

表10-2列举了每层中应该测试到的内容。这张表并不完整，但可作为设计测试准则的起点。在本章的剩余部分，我们将更加详细地讨论如何对每一层进行测试。

表10-2 每一层的测试内容

测试内容	注解
可用性/人机界面	检查整体的外观和感觉 字体、图形和色彩对于应用程序整体美感起着重要作用 确保所有的用户输入要予以确认，由此可以明明白白地让用户知道输入的数据有没有被接收
性能	检查快速载入页面 检查快捷的事务 较差的性能往往造成不好的印象
业务规则	检查对业务流程的描述是否准确 考虑目标用户群的业务环境 确保术语和风格遵循了行业规范
事务准确性	确保事务正确完成 确保被取消的事务回滚正确 对用户输入进行验证是否能满足安全性和准确性需求
数据的有效性与完整性	检查电话号码、电子邮件地址和金额数量的格式是否正确 确保字符集适当
系统可靠性	检查程序、网站和Web服务器的故障处理能力 最大化MTBF，最小化MTTR
网络结构	测试连通冗余 测试网络中断时程序的表现

10.3.1 表示层的测试

测试表示层的主要目的是发现应用程序的GUI或前端中的错误。这个重要的层次为Web站点提供了装饰的外表，因此发现并纠正本层中的错误对于建立一个健壮的、高质量的Web站点至关重要。如果客户在本层中碰到了错误，他们就不会再来。他们可能会总结出：连自己公司的网页都有单词拼写错误，还能相信它正确处理信用卡交易吗？

简而言之，表示层测试是一项劳动密集型的工作。然而，正如可以将互联网应用系统的测试划分为单个的测试任务一样，同样也可以这样来测试表示层。下面列举了表示层测试中的三个主要内容：

1. 内容测试。包括整体审美、字体、色彩、拼写、内容准确性和默认值。

2. Web站点结构。包括无效的链接或图形。

3. 用户环境。包括Web浏览器版本和操作系统配置。

内容测试包括检查Web站点的人机界面元素，需要在字体类型、屏幕布局、色彩、图形分辨率及其他直接会影响最终用户体验的特性中检查错误。此外，还要检查Web站点中信息的准确性。倘若语法正确但内容不准确，这些信息会像GUI中其他缺陷一样损害公司的信誉。不准确的信息还会为公司带来法律上的麻烦。

通过尽量发现浏览过程和结构上存在的错误来测试Web站点的结构。应当发现无效的链接、丢失的网页、错误的文件或其他任何将用户引到站点中错误区域的问题。这些错误在动态网站，或在网站开发或更新过程中尤其容易发生。项目组任何一个成员只要重命名一个文件，其超链接就变得无效。如果某个图形元素被重命名或被移走，那么由于无法找到该文件，Web页面中就存在一个陷阱。可以通过设计单元测试查找每个页面中的结构问题，来验证Web站点的结构。一个最佳的做法是将结构测试也集成到回归测试过程中。很多工具可以自动执行验证链接、检查丢失文件等过程。

白盒测试技术也可用于测试Web站点结构。就像程序单元中存在判断点和执行路径一样，Web页面也是如此。用户可能以任意顺序点击链接和按钮，浏览到其他页面。对于大型的网站，存在许多可能发生的浏览事件的组合。请回顾本书第4章，了解白盒测试和逻辑覆盖理论的更多信息。

如前面所提到的，测试最终用户的环境（也被称为“浏览器兼容性测试”）常常是测试基于互联网的应用系统中最具挑战性的部分。浏览器和操作系统（OS）的组合非常之多，我们不仅要测试每一个浏览器的配置，还要测试同一个浏览器的不同版本。供应商在每次发布产品时常常会改进其浏览器的某些功能，有些可能与旧版本兼容，有些则不兼容。即使在今天这样高涨的互联网时代，用户仍然会遭遇网页不兼容浏览器的情形，这显然不是用户选择何种浏览器访问网站的问题，为了让更多用户可以访问网站，多花点时间用来开发支持更多浏览器和操作系统的互联网应用吧。

如果应用系统高度依赖客户端的脚本处理，用户环境测试就变得更加复杂。每一个浏览器都有不同的脚本引擎或虚拟机在客户计算机上运行脚本和代码。如果使用了以下任何一项，就应特别关注浏览器的兼容性问题：

- ActiveX控件
- JavaScript
- VBS cript
- Java applets
- HTML5
- Adobe Flash
- PHP

通过制订定义完善的功能需求，可以克服大多数与浏览器兼容性测试相关的挑战。举例来说，在需求收集阶段，市场部门可能会决定应用系统只需要运行于几个特定的浏览器就可以了，这个需求排除了大量的测试工作量，因为我们有了一个定义良好的目标平台以供测试。从另外一个角度来看，节约成本和时间的测试计划并不见得是上上选。由某一个浏览器独霸天下的局面早已成为往事，优秀的互联网应用设计应该经得起各种浏览器的考验。

10.3.2 业务层的测试

业务层测试的重点是发现互联网应用系统的业务逻辑中的错误。我们会发现测试业务逻辑层与测试单机程序非常类似，因为黑盒测试和白盒测试技术都可以使用到。我们需要制定测试计划和过程，用来发现系统性能需求、数据获取和事务处理中的错误。

对于内部开发的部件，由于可以深入程序逻辑结构中去，因此应使用白盒测试方法。然而，对于第三方组件，最好采用黑盒测试技术应作为业务层测试的主要方法。可以从开发独立部件单元测试的驱动器开始，然后执行系统测试，判断所有部件能否正确地共同运行。

在对业务层进行系统测试时，需要模拟用户在购买某个产品或服务时执行的步骤。举例来说，对于一个电子商务网站，可能需要建立一个测试驱动器来搜索目录、装入购物车和结账。实际地模拟这些步骤是具有挑战性的。

构建业务逻辑所采用的技术指明了如何设计和执行测试。可以使用许多技术和技巧来构建业务层，简单统一的（cookie-cutter）测试方法可能不再适用。举例来说，我们可能使用一台专用的应用服务器（如JBoss）来构建应用系统，或者可能使用以C或Perl语言编写的单机CGI模块。

无论采用什么方法，应用系统中始终存在着一些可以测试的特性。这些内容包括：

- **性能**。测试的目的在于检查应用系统是否满足书面的性能规格说明（通常定义为响应时间和吞吐率）。
- **数据有效性**。测试的目的在于发现从客户那里采集到的数据中的错误。
- **事务**。测试的目的在于发现事务处理过程中的错误，其中可能包括信用卡处理、电子邮件验证以及消费税计算等。

1. 性能测试

一个性能不好的互联网应用系统会使用户怀疑其鲁棒性，用户常常不会再回来。长时间的页面加载、缓慢的事务处理就是典型的例子。为了达到足够的性能水平，必须保证性能规格说明在需求收集阶段编写完成。如果没有书面的规格说明或目标，也就无从得知应用系统的性能是否可以接受。性能规格说明通常以响应时间或吞吐率来描述。例如，页面须在x秒内载入，应用服务器每秒要完成y个信用卡事务。

强度测试是一种常用的性能测试方法。当系统接收的请求过多时，系统性能常会降低到不可用的状态。这可能导致对时间敏感的事务部件产生失效。如果执行的是财务结算，那么部件失效可能导致网站和客户损失金钱。第6章中关于强度测试的概念也适用于对业务层的性能测试。

回顾一下，强度测试利用大量的登录操作“狂轰”系统或模拟大量事务使系统临近失效点，借以判断应用系统是否满足其性能目标。当然，为了获得有效的结果，需要模拟典型的用户访问操作。仅仅载入主页面与装满购物车或处理过多事务并不是一回事，须使系统完全过载以暴露其运行中的错误。

通过对应用系统进行强度测试，还可以检查网络设施的鲁棒性和可测量性。我们可能会觉得应用系统存在瓶颈，每秒只能处理x个事务，但随着深入的研究，发现配置错误的路由器、服务器或防火墙限制了带宽，因此在开始强度测试之前，应确保支撑设施部件处于合适状态。如果做不到这一点，可能会得到错误的结果。

2. 数据验证

业务层的一个重要功能是确保从用户收集来的数据是有效的。如果系统使用了无效的信息，如错误的信用卡号或格式错误的地址，那么可能发生严重的错误，甚至会给公司及客户带来财务问题。与测试单机应用系统时查找用户输入或参数的错误很相似，应通过测试发现数据采集时的错误。请参阅本书第5章，了解设计此类测试的更多信息。

3. 事务测试

电子商务网站必须在全部的时间里正确处理事务，无一例外。消费者不可能容忍事务出错。除了声誉受损、客源流失之外，公司还可能因事务处理出错而承担法律责任。

我们可以将事务测试视为对业务层进行的系统测试。换言之，自始至终测试业务层，尽量发现错误。再强调一次，应具备书面的文档，详细定义事务的构成。事务是否包括用户搜寻站点、装入购物车，还是仅包括交易的处理过程？

对于一个典型的互联网应用系统，事务模块不单纯是完成财务结算（如处理信用卡）。客户的购买活动通常包括以下行为：

- 搜索商品分类。
- 整理购物车。
- 向用户推荐可能感兴趣的商品。
- 向用户推荐其他用户浏览过的商品或企业。
- 抓取当前用户浏览过的商品信息。
- 创建或者登录账户。
- 购买商品，可能包括计算营业税和快递费，以及处理财务结算。
- 通知用户交易完成，通常以发送电子邮件的方式。

除了测试内部的业务过程之外，还必须测试外部服务，例如信用卡鉴别、银行事务以及地址确认等。在处理财务结算时，我们一般会使用第三方部件和定义完善的接口与金融机构进行通信。不要假定这些部件都能正确工作，必须对其进行测试和验证，确保能够与外部服务机构通信，并接收到正确的返回数据。

10.3.3　数据层的测试

网站一旦建成并开始运行之后，收集来的数据就会很有价值。信用卡号码、付款信息以及用户资料都是电子商务站点在运行时可能会收集的数据类型。信息如果丢失，会遭受严重的业务损失，业务会陷入困境。因此，必须设计一套规程来保护数据存储系统。

数据层的测试，主要是指对应用系统用于储存和获取信息的数据库管理系统的测试。小一些的网站可能以文本文件来储存数据，但更大一些、较为复杂的网站会使用功能完善的企业级数据库。根据不同的需要，两种方式都可以使用。

数据层测试的最大挑战之一，是复制应用系统的运行环境。必须使用相同的硬件平台和软件版本来进行有效的测试。此外，一旦获得了资金和人力资源，就必须设计一个方法来使实际运行的环境与测试环境保持一致。

与测试其他层一样，在测试数据层时应当在特定的方面查找错误，包括：

- 响应时间。应量化结构化查询语言SQL语句的消耗时间。

- 数据完整性。验证数据存储适当且正确。
- 容错性和可恢复性。最大化MTBF，最小化MTTR。

1. 响应时间测试

电子商务网站运行速度缓慢会引起客户不满。因此，我们应该积极确保网站能够及时响应用户的请求和操作。数据层的响应时间测试并不包括对页面载入进行计时，而是将重点放在确定那些没有满足性能指标的数据库操作上。在测试数据层的响应时间时，我们要确保单个的数据库操作能够快速完成，不至于阻塞其他操作。

然而，在测量数据库操作之前，应理解什么是数据库操作。在这里，数据库操作包括插入、删除、修改或从RDBMS中查询数据。测量响应时间仅仅是确定每一项操作需要多久完成。我们也许对测量事务完成的时间并不感兴趣，因为这可能涉及多次数据库操作。在测试业务层时，也需要测量事务的处理速度。

由于我们需要隔离出有问题的数据库操作，因此在测试数据层的响应时间时，并不需要测量事务完成的速度。如果要测试完整的事务，则有太多的因素可能会影响测试的结果。举例来说，如果用户查询其个人资料时系统费时过长，我们就应当判断该操作的瓶颈在哪里，是由于SQL语句、Web服务器，还是防火墙？单独地测试数据库操作可以使我们确认出问题来。就这个例子而言，如果SQL语句编写得比较差，那么在测试响应时间时就会自行暴露出来。

对数据层响应时间的测试充斥着挑战。测试环境必须与系统实际应用环境相一致，否则得到的结果就会无效。另外，必须彻底了解数据库系统，确保它安装正确、操作有效。我们会发现由于RDBMS配置不正确，数据库操作性能很糟糕。

总的来说，大多数的响应时间测试都是使用黑盒测试方法进行的。我们所关心的仅是数据库事务的持续时间。有很多工具可以帮助完成这些工作，我们也可以自己编写。

2. 数据完整性测试

所谓数据完整性测试，即在数据库表中发现不准确数据的过程。这项测试与数据确认有所不同，后者在测试业务层时进行。数据确认测试试图发现数据收集中的错误，而数据完整性测试则是尽力要在数据存储的方式中发现问题。

有很多因素会影响到数据库存储数据的方式。数据类型和长度可能导致数据截断或失去精确性。对于日期和时间字段，会出现时区问题。举例来说，存储时间是依据客户端、Web服务器、应用服务器，还是RDBMS的时间？国际化和字符集同样会影响数据完整性。例如，多字节的字符集可能需要双倍的存储容量，还有它们可能导致查询返回补位了的数据。

还应检查应用系统使用的检查/参考表的准确性，例如销售税、邮政编码及时区信息等。我们不仅要确保信息准确，还应保持其最新。

3. 容错性和可恢复性测试

如果电子商务网站依赖于某个RDBMS，那么系统必须彻夜不停，时刻运行。在这种情况下很少能有时间（如果有的话）停下来。因此，必须测试数据库系统的容错性和可恢复性。

一般来说，数据库操作的一个目标是最大化MTBF，最小化MTTR。从电子商务网站的系统需求文档中，应该能够找出这些规定的数据来。在测试数据库系统鲁棒性的时候，目标是尽量超过这些数据。

最大化MTBF取决于数据库系统的容错级别。我们可能有一个故障处理的机制，当主系统发生故障时允许正在运行的事务切换到一个新的数据库上。在这种情况下，用户可能会经历一次小的服务中断，但系统仍然可用。另一种情况，即我们在系统中内置了容错机制，当数据库宕机时对系统的影响非常小。采用何种类型的测试取决于系统的结构。

数据库的恢复具有同等的重要性。可恢复性测试的目标是设计出数据库无法恢复的场景出来。在某些时候，数据库会崩溃，因此须制订一些规程以便非常快速地恢复。恢复计划开始于获得有效的备份。在进行可恢复性测试时，如果无法恢复数据库，那么需要修改备份策略。容错性好的数据库系统往往是分布式的，这些分布的数据库通过私有或者共享网络连接，由此看出针对分布式的数据库管理的测试也非常重要。当一台数据库服务器当机，是否能立即启用远程的另一台服务器，你的程序是否能够及时连上正常的数据库？当一个或多个网络连接断掉会发生什么事情？当正在写数据库的时候系统崩溃又会如何？

简而言之，要根据互联网应用系统的设计来测试系统所有可能会影响到数据完整性的地方。

10.4 小结

在本书第1版起笔之时，面向大众的互联网还未诞生，那个时候的远程访问系统和应用程序（如Telnet——译者注）只能算是今天互联网的雏形,这些程序往往需要计算机专业人员才能使用，而今天的互联网用户即使不懂计算机和软件，也拥有近乎无限的互联网站点可供选择，于是现在的人们对那些没有吸引力的、难用的网站变得越来越没有耐心。所以我们必须强调，深入的测试是多么重要。

互联网应用的测试面临诸多挑战，尤其是那些用户基数庞大的电子商务网站，对于数据准确性和安全性提出了更高的要求。通常情况下，测试主要包括这三个层面：表现层（或用户交互接口）、业务逻辑层、数据层。对于拥有庞大用户量的大型网站，还需要做广泛的用户测试（参见第7章）以确保符合产品规格说明书以及通过用户验收测试。毫无疑问，我们应该把软件做得既好看又好用，而这一点要求对于互联网应用尤为苛刻。纵观今日之环境，软件上的成功往往意味着商业上的丰收，而成功的软件需要我们积极彻底的测试。

移动应用测试

时光荏苒，白驹过隙。短短十来年，我们便见证了从笨重的台式机到笔记本，再到今天的各种手持移动设备，这一神奇的计算机进化史。在计算机的世界里，技术飞快地更新换代，在不断地改变我们的生活、商业以及政治。而这样的变化也显著地影响着软件开发和测试的活动。

大多数软件测试人员会发现移动设备上的软件测试非常富有挑战性，甚至比大多数的其他软件类型和平台都要困难得多。事实上，相对于"应用程序"，这种挑战更多来自于设备和移动环境。单单这两个因素便引入了很多变数和复杂性，从而导致程序中真正的问题被掩盖，以至于我们不容易设计好健全的测试方案 。简要地说，你需要考虑多种因素，比如网络性能和可靠性、人机交互体验的一致性、代码转换器的影响、设备的多样性以及有限的资源平台。

本章将介绍一个相对较新的测试领域：移动设备和智能手机的应用程序测试。因为这不同于之前接触到的独立运行在台式机、笔记本以及服务器上的单机版应用程序 ，所以我们会先从移动应用环境讲起，然后历数移动应用测试究竟面临哪些挑战，这些挑战在本书开头部分已经提到一些。最后我们会涉及一些具体的测试方法和测试用例设计考量，这有助于你更快学习这一新领域 。通过学习本章你将会对移动应用测试带来的挑战和障碍有一个更深入的理解和把握。

11.1 移动环境

随着无线热点越来越普及，移动计算和"传统的"无线网络行为之间的界限已经很模糊了。为此，在开始之前我们需要先给移动设备和移动应用下个定义。就本章内容而言，我们所说的移动设备，特指能够运行那些需要访问移动网络（原文直译为蜂窝或卫星数据链路网络，也即通过基站和卫星的无线电信号进行通信和联网的行为——译者注）的应用程序的电子产品，这涵盖了大半的智能手机、平板电脑以及PDA。当然也不要仅仅以貌取“机”，有些新款笔记本电脑也已经能够支持可插拔的手机卡或者卫星卡，甚至有些笔记本电脑内置了这些功能。基于这里对移动设备的定义，移动应用便是指运行在移动设备里且基于网络的应用程序。

这个差别很重要。目前来说，大部分的移动设备都能够通过使用无线热点和无线接入点联网。而即使蜂窝移动通信采用了3G和4G技术，在速度和稳定性等性能方面都比不上上述的这些连接。所以，在设计移动应用时，你会希望它将能够使用速度相对较慢和性能相对不稳定的数据链路网络（这里应该指卫星数据链路网络，因为大部分时间移动用户还是会通过卫星网络访问互联网，比如中国的手机流量包月服务——译者注）。虽然你可以开发一款独立运行不需要访问网络的单机游戏，但是在本章不会考虑这样的移动应用程序测试，我们会把更多精力放在如何面对来自联网应用所带来的挑战。

熟悉移动应用所发生的环境是通往创建成功测试计划的不二法门。表11-1列出了一些需要考虑的关键因素。首先需要理解设备连接问题和网络速度、网络速度、有效区域以及网络延时。请牢记于心本书一再强调的基本测试哲学：测试不是为了验证功能有效，而是为了发现程序针对用例的错误。举个简单的例子说明这一点，假设你有一个基于位置的服务或者电子邮件应用，那么测试应该检查软件在运营商网络不可用或者网速太慢时所出现的问题。

接下来要考虑的就是设备的多样性、设备的各种限制、设备的输入手段，本章稍后会基于这一点做更多讨论。为了创建成功的测试计划，必须考虑到市场上有大量不尽相同、配置差别悬殊的设备，还需要考虑最终用户是如何与这些设备进行交互的。

最后，需要确定以何种方式安装和维护应用程序。一些移动设备的供应商，譬如苹果，提供在线应用商店这种方式为软件开发者提供发布渠道，而最终用户则在商店在线购买并下载应用，但是只能购买那些经过苹果公司认证的应用。通过这种方式使得应用的安装和维护相对简单了些，而且用户也拥有了一个统一的并经过认证的应用程序发布系统。

表11-1 移动环境下测试设计需要考虑的因素

类别	描述
连接	设备硬件配置 网络速度 网络延时 偏远地区网络可用性 服务可靠性
设备多样性	需要测试的众多浏览器 针对不同语言（Java、Objective-C、C#等）的运行库版本
设备的各种限制	有限的处理器和内存资源 小型屏幕尺寸 多操作系统 对多任务应用的支持能力 数据缓存大小
输入设备	触摸屏 触摸笔 鼠标 按键 滚球
安装和维护	安装和卸载 打补丁包 升级

11.2 测试面临的挑战

正如本章开头所提到的，移动应用测试充满了挑战。为了更从容地面对这些挑战，我将它们进行了归类。这些挑战主要来源于以下四个方面：设备多样性、运营商网络基础设施、自动化脚本编程与开发、可用性测试。设计测试用例时，这四个方面都需要仔细思考。将设备类型、操作系统、用户输入手段以及网络问题等因素进行交叉组合，意味我们必须权衡在测试上花费大量的时间、资金以及劳动力，由此再制定一个相对经济实用又能在合理的时间内发现大多数bug的测试计划。前面章节对测试方法的介绍将有助于你组合创建出一份有效的测试策略。

接下来的几节将讨论这四类挑战并提供应对措施。

11.2.1 移动设备多样性

对于那些刚刚接触移动应用测试的新人来说，对不断增长的设备多样性给测试所带来的挑战估计不足。有些时候他们会感觉设备开发商永远在不停地发布新的设备，他们根本跟不上开发商的发布速度。更糟糕的是，越来越多样的设备似乎意味着需要为手中的测试增加更多的测试用例。而下面的这个简单的例子却说明：新设备发布后，你只须重新评估几项测试事项：

假设摩托罗拉为它的Android系列手机开发了一种新的基于触摸屏的文字输入法。那么现在让你来设计一个测试：通过这种新的输入方式导致应用程序出现异常。如果异常的确存在，那么如何确保修复这个bug的同时又不影响该应用在其他平板电脑上（当然也是基于Android系统）的功能？你有用来测试的设备吗？你的应用需要访问运营商网络吗？

操作系统、浏览器、应用程序运行时环境、屏幕分辨率、人机交互界面和接口、人体工程学设计、屏幕尺寸等这些因素的复杂多样性造成了设备多样性，这些都是在创建测试用例时不能忽略的因素。设备的多样性同时还把可用性测试摆在了风口浪尖上，这往往等于说测试工程师需要在不同的目标设备上进行测试和评估。开始时使用模拟器进行测试，这无疑是入门的好办法，但是最终还必须在真实的运营商网络中测试真实的设备。

而这又引出了移动应用测试的另一内容：真机测试与基于模拟器的测试。从节约经济开支的角度出发，应该在模拟器上完成尽量多的测试。因为即使你已经拥有一台移动设备以及无线网络的访问权限，从经济角度看，在真实的环境中进行测试还是有些不可行。而模拟器只是模拟仿真，不是真实的设备，所以很有可能需要注意模拟器测试和真机测试的区别。例如，按钮和输入框的颜色和形状在模拟器上通过了验收测试，但是在真机上却失败了，失败的原因是真机和基于PC的模拟器具有不同的色深和屏幕分辨率。

一言以蔽之，你需要意识到：数以百计的不同类型的设备可能会安装并使用你的程序。因此在需求收集和规格书创建阶段，就得在众多的机型中做出艰难的抉择，首先挑选出可以作为程序的目标支持机型，随后用它来进行测试。需要提醒你的是，那些没入选和没经过测试的机型都有可能不兼容你的应用程序，而这可意味着你损失的绝不仅仅是一个客户。

11.2.2 运营商网络基础设施

移动应用测试的另一个挑战来自运营商网络。尤其当你想让程序支持多个运营商时，这个问题更加突出。这里需要跨越的两道难关是：理解和适应运营商网络的基础设施和架构，以及克服基于位置的障碍。

理解运营商的基础设施和架构是良好设计测试计划的根基。一开始时，你可能认为你的程序使用的是像基于IP协议的无线热点一类的运营商网络，其实不然。图11-1是一幅大多数无线运营商使用的“经典”基础网络架构图。第一个不同点是这里的通信协议并不是基于IP的，而通常是一种基于射频的协议（比如手机是通过射频与基站通信——译者注），如码分多址的（Code Division Multiple Access，CDMA）、时分多址的（Time Division Multiple Access, TDMA）或者全球移动通信系统（Global System for Mobile, GSM）。基于射频的协议将基于IP协议的数据包当作有效载体，对其进行传输并分发到移动设备上，然后通过移动设备进行解码并最终呈现给应用程序。

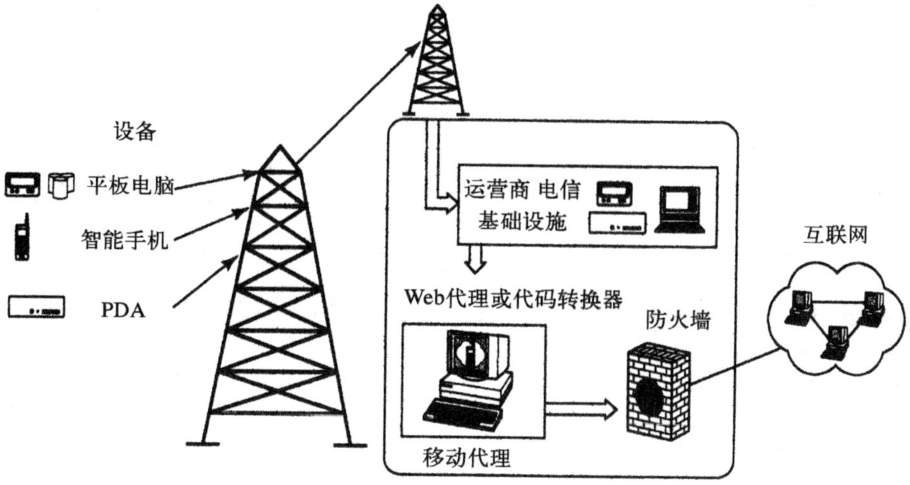

图11-1 典型的无线运营商网络

同时，很多运营商都使用某种代码转换器或者Web代理来进行移动设备与互联网的通信。代码转换器和Web代理“偷偷”做了很多事情，有时候你必须通过运营商才能知道背后究竟发生了什么。但是因为竞争的关系，运营商一般不会披露这些细节。下面列出了在代码转换器或Web代理上可能发生的事情：

- 将数据转换成WAP或者HTTP支持的格式。
- 压缩数据为了更快地传输和提高吞吐量。
- 数据传输加密和隐私保护。

- 屏蔽一些占用过高带宽的站点。
- 从网页中抽取HTML头信息和其他元数据以供程序使用。

编码转换可能会导致不同设备上同一UI界面在视觉上不一致。有些设备支持无线应用协议（Wireless Application Protocol, WAP），而有些支持HTTP协议。WAP使用无线标记语言（Wireless Markup Language，WML）进行内容的传输。WAP和WML原来试图成为无线终端数据传输的标准，但是因为未曾拥有强大的立足点而不得不放弃。尽管如此，还是有相当多的移动设备实现了对WAP的支持，所以在测试时你可能会遇到。但是，大多数的智能手机和平板电脑都支持HTML，而这需要依赖HTTP协议进行内容传输。如果在跨运营商和跨设备之间的测试中，你的应用程序发现了UI的问题，那你需要跟运营商和设备商联系，以便检查出当前使用的协议是WAP/WML还是HTTP/HTML。

尽管对数据进行压缩是为了提高传输率，但是若在网络流量高峰期进行超负荷的压缩，这反而会降低传输性能。这个道理同样适用于安全方面：在流量高峰期，防火墙和其他的安全层级会成为数据传输性能的瓶颈。

最后，你必须克服基于位置的服务带来的障碍。很明显，在真实的运营商网络中测试，你需要身临其境。例如，你为智能手机设计了一个旅游方面的应用：如何测试其他地区甚至其他国家的运营商网络？答案就是：你必须亲身前往或者雇用当地居民为你测试，这两种解决方法都会增加测试成本。

11.2.3 脚本编程

移动应用测试经常容易被忽略的一点是创建和执行测试脚本。真机的环境通常不允许加载可以反复执行的自动化测试脚本，从而需要测试人员按照写好的文档化的测试步骤在目标设备上手工执行。注意，这里所说的目标设备可不只是一种，可以预见到工作量会很大。

而我们在前面的章节指出人工执行测试用例很容易出错。遗憾的是，这种情况在移动应用测试中很难避免。由于我们已经知道大多数的模拟器可以很好地支持脚本编程，因此可以在其上完成批量的自动化回归测试以及系统测试。但是，仍然还需要一些人在真机环境测试。稍后我们会谈到如何针对多种目标设备创建通用的测试脚本。

振奋人心的消息是，随着移动设备工艺越来越复杂以及功能的不断增强，市场的竞争日益白热化，我们完全有理由相信：假以时日，针对移动设备应用测试的自动化脚本编程工具就会诞生。苹果的iOS、Windows Mobile OS（现在已经是Windows Phone7——译者注）以及Android OS都在飞快地发展和完善，所以支持在真机上执行自动化测试应该不会是什么大问题（事实上现在已经可以做到了——译者注）。

11.2.4 可用性测试

可用性测试与自动化测试所带来的挑战类似。回顾前面的章节我们知道，可用性测试更像是黑盒测试的一种(原文为白盒测试,应该为笔误——译者注)。就像测试独立运行在PC上的桌面应用一样，测试人员亲自试用应用程序，以期找到界面以及人机交互相关的bug。

但是和单机版的桌面应用程序不一样的是，需要测试更多的移动设备平台。比如，你可能想测出（应用程序）在基于Android的平台和苹果的产品上使用时用户界面是否不一致。尽管你是在测试移动应用，但是第7章中关于可用性测试的讨论在这里大部分都适用。

11.3 测试方法

移动设备上的测试在某些方面和测试互联网应用系统很相似，尤其是在后端基础设施（Back-end infrastructure）的评估上，而这最大的区别是你如何在设备自身上完成测试。测试互联网应用系统时需要覆盖的浏览器也就那么几个，但是移动设备的浏览器数量要多很多。

毋庸置疑，在测试后端组件时，我们需要使用第10章中介绍的类似技术并评估类似的考虑因素。让我们回到图10-1，在第2层和第3层，移动应用应该和普通的互联网应用系统没有太大差异。快速回顾一下第10章内容，根据第2层内容，应该从性能规格、数据有效性验证例程以及事务处理组件测试互联网应用；同样，根据第3层，需要测试响应时间、数据完整性、容错性以及可恢复性，条件允许的话，最好将这两层分开进行测试，以确保可以满足设计规格要求。

对互联网应用系统在第1层进行测试，不同于对传统的互联网应用系统测试。虽然进行网站内容和架构的测试概念没变，但是原来的那种基于PC的用户环境测试在现在变成了基于移动设备的环境测试。

在准备测试计划时，需要格外注意测试用例的重要性。因为能够导致移动应用程序失败或发生异常的因素非常多，于是你必须知道你的用户是谁、他们如何以及何时使用等问题。表11-2列出了一些在创建测试计划时容易遗漏的注意事项，包括单机版的和基于Web的应用两种情况。在运营商网络中测试你的应用极为重要，要找出因网络信号差甚至连接突然断开所带来的问题和异常错误（言外之意，你必须去信号差的地方测试一把——译者注）。如果你的应用程序涉及信息传输，那就应该去寻找那些可能发生在数据缓存中的bug，以及与后台数据存储器不完全同步相关的那些bug。试想一下：假如正在下载一个应用，信号在突然中断但是后来又恢复正常，那被迫中断的下载会发生什么情况？会重复下购买订单吗？⊖检查一下是否存在和网络会话（session）重新初始化以及数据损坏相关的bug。上面列举的问题虽然也可能发生在PC上的Web应用中，但是相对来说，局域网和广域网（此处应该指PC通过网卡访问的互联网——译者注）比移动网络稳定得多。因为移动网络不稳定，丢失信号是经常发生的事情。

一个具体的移动测试用例是看看你的应用程序如何处理来电或信息。最终用户希望在接电话或看短信的时候，应用程序能暂停或能在后台继续运行。尝试在应用程序因为来电或短信可能导致的问题区域创建测试用例。

表11-2　移动应用测试分类

测试分类	说　明
安装/卸载	确保用户可以正确地安装应用程序 确保用户可以完全卸载应用程序
网络基础设施	证实应用程序在网络丢失的情况能够正确响应 证实应用程序能够正确响应网络回复的情况 证实应用程序能够在网络信号差的情况下正确响应
来电和短信处理	测试用户能否在应用程序运行的情况下接电话以及回短信 测试用户在处理完来电和短信之后能否返回应用程序 测试用户能否在不中断应用的情况下取消来电和短信 测试用户能否在不退出应用程序的条件下拨打电话和发短信
内存不足	确保应用程序在设备内存不足的情况下仍然能够稳定工作

⊖　作者举了很多例子只是为了说明在真实的运营商网络测试的重要性，这里的重复下购买订单可能是指前面的应用发生在在线应用商店中，也可能是另外一种情况，比如手机网购，但是无论哪一种情况都可以表达作者在此处的意思。——译者注

（续）

测试分类	说　明
按键	测试所有的热键按照产品规格书实现 确保按键事件和产品规格书一致
退出	检查程序能够正常退出（通过按键合屏或者滑块锁屏） 确保在机器关机的情况下应用程序的行为和设计规格说明书上一致
充电	确保程序在切换到充电模式时工作正常 确保程序能够在充电状态下正常工作 确保程序在退出充电模式时不会发生异常
电量	测试在电量不足的情况下应用程序的行为表现 计算应用程序将用多长时间耗尽电量 确保在电池突然拔出的情况下应用程序的反应和说明书一致
硬件资源	确保应用程序没有过度占用CPU 确保应用程序不消耗过多的内存资源

表11-3　真机测试与基于模拟器的测试方法对比

测试方法	缺　点	优　点
真机测试	价格昂贵，尤其需要大批量的设备时不能安装辅助测试的统计和诊断工具无法通过自动化脚本安装和测试网络不稳定	能够测试应用程序真实的性能和响应 检查应用运行在不同真实设备上的UI一致性问题 测试在真实的运营商网络中工作的响应情况 发现设备上才能重现的bug
基于模拟器的测试	不能发现设备相关的bug 不能代表真实的性能情况	高性价比 易于管理，可以支持不同设备

在本章的余下部分，我们将介绍关于移动应用测试的两种基本选择：真机测试和基于模拟器的测试。表11-3给出了这两种测试方式各自的优缺点对比。

11.3.1　真机测试

首先，肯定需要在真实的设备上进行人工测试。尽管代价不菲，但是这种方法有着不可替代的优越性。只有在真机上测试之后，你才能感受到细微的差别以及获得真实的用户体验。此外，有些测试只能在真机上完成。很明显的例子就是测试某一运营商网络是否可靠，以及确定来电和来短信时应用程序的提示效果。在真实的设备上测试，还可使你能够准确评估应用程序的行为，如是否有较快的启动速度和流畅的运行表现？外观看起来合适吗？跨设备平台时是否一致呢？最后一点也很重要：确定和设备相关的bug。这一点通过模拟器很难做到。如果你确实发现了设备相关的bug，那么接下来的挑战便是：如何在不破坏和其他设备兼容的条件下修复这个bug。

真机测试尽管优点很多，还是有一些严重的弊端。比如，需要为测试购买价格不菲的设备，而且不止一台，还需要支付运营商网络访问的费用。如果你还打算支持多设备、多运营商网络以及多国家（地区）的话，所需要费用也相应增加。有一些设备生产商和服务供应商提供远程设备租用，这也许能降低点成本。如果你只打算支持单一的平台，比如苹果iPhone系列，那情况还稍微好点，但是你仍然需要购买足够的各种版本的iPad、iPhone、iTouch用来测试。

此外，真机测试是一个需要人工参与的黑盒测试过程（这个地方原文误用了white-box——译者注），这意味着需要测试人员不停地敲击按钮、触碰屏幕以及输入数据。众所周知，人工测试容易出错，即使是最优秀的测试工程师都可能失误。而且，人工测试还增加了另外一个成本：测试过程中你需要不停地标记每一个测试文档里的测试脚本及其结果，并且对这些测试脚本进行评估以剔除那些没有或近乎没有价值的用例（比如找不到bug的用例）。

在前面我们也提到过，使用真机进行测试相当于剥夺了测试工程师一件重要的测试武器——自动化脚本测试。因此，你创建的手工测试脚本要尽量简要通用，不能太细致地描述在具体设备上的操作过程。假如每一个设备平台都有一份详细的测试脚本，这将给之后的维护带来很大麻烦。因为随着设备不断更新，很多测试用例很有可能会被废弃。所以应该尽量设计可以跨平台的通用测试脚本。

举个例子来说明为什么要设计通用的测试用例。像iPhone、iPad以及基于Android系统的设备比较依赖于来自触摸屏幕接收用户输入，而像黑莓或者其他标准的（非触摸的）手机则更多依赖于键盘或者小键盘。表11-4是一个针对电子书阅读器的测试用例，用来检查在收到一条新短信时程序是否会异常退出。需要注意的是，这个测试用例没有规定每一步具体该怎么操作，如运用设备的用户输入外设，如按键、触摸屏或语音输入，因为这些操作和设备提供的输入外设（输入方法）相关。这里也没有任何一步指定需要类似于“单击确认按钮”或者“单击发送按钮”这样的操作。这种通用的测试用例设计方法可以帮助你达到“一个用例，随处运行”的境界。

最后，设备制造商通常会“锁定”设备，这意味着在这些设备上运行不了可以监视或调试应用程序的辅助工具。因而这使得分析bug的工作变得更加有难度了。这种情况下，如果应用程序运行得很慢，你将很难判断到底是网络的问题，代码转换器的问题，抑或是应用程序本身的问题？再就是三者的共同作用？你只能通过反复实验才能判定问题根源。

表11-4 通用设备测试用例

1. 打开电子书阅读器
2. 打开一本电子书
3. 从其他设备上发一则短信过来
4. 确认短信提示已经显示
5. 打开短信
6. 选择回复短信
7. 编写短息
8. 发送短信
9. 检查短信已发送报告
10. 返回到电子书
11. 确认阅读器正常运行
12. 确认回到当前页面或者书签
13. 退出阅读器

11.3.2 基于模拟器的测试

使用模拟器进行测试也许不是最佳测试方法，但通常却是最实用和最节约成本的，而且它还有一些其他优点。第一，模拟器能更加便利地进行功能测试，你可以通过单步调试发现没有满足需求设计的地方和细节。通过模拟器调试和分析bug，从而为在真机测试阶段减少不少的花费。

第二，模拟器容易管理，因为模拟器是基于PC的，所以每一个测试人员和开发人员都有这个“设备”。开发人员可以自己管理上面的软件，不需要系统管理员。第三，不同的模拟器模拟不同的设备。为了模拟在某一种设备上测试，只需要加载该种设备对应的模拟器配置文件即可。最棒的是，你无须为访问运营商网络支付任何费用！第四，PC上的模拟器具备更快的CPU以及更大的内存容量，这使得运行起来程序更快，也使得测试得以较快完成。

最后也是意义最深远的优点，就是模拟器对高级脚本编程语言的支持，如此一来便可以创建可持续反复运行的、较少人为失误的自动化测试脚本，而自动化测试通常要比人工测试快得多。为了验证那些因为程序代码改动而导致的设备兼容性问题，可能需要在各个设备上快速执行测试。现在因为有了自动化测试，可谓事半功倍。模拟器上的脚本编程语言往往是与设备无关的，也就是说表11-4的第8步“发送短信”这样的功能在模拟器中不依赖设备，自动化测试脚本可以“一处编写，随处运行”。

模拟器测试带来的隐患就是发现不了设备之间的细微差别和设备相关的

bug。我们之前也提到，到了一定程度，你必须在真实的目标设备上测试你的应用程序。没做过真机测试，你绝不能百分之百确保程序的兼容性以及性能是否满足了产品规格说明。尽管如此，你还是得使用模拟器来完成大量的测试。模拟器测试是一种消除大多数bug的高性价比和有效的方法。

11.4 小结

移动应用测试是软件测试的新领域。相比较单机版的应用测试而言，移动的环境下为测试增加了更多的复杂性和人机互交互途径。这也意味着，只有深刻理解和掌握所面临的挑战，才能更成功地测试移动应用程序。

试着从选取目标支持机型开始，准备你的测试计划。是想只支持基于Android的智能手机和平板呢，还是胃口更大一些呢，即支持大多数的平板和智能手机？接下来，要理解运营商网络基础架构。在将数据发送到手机之前有没有经过编码转换、加密、压缩以及其他任何形式的修改？

还需要在模拟器测试和真机测试之间做必要的权衡，因为它们各有利弊。从经济角度出发，可能会更多地使用模拟器进行测试，在最后阶段才会使用真机测试。使用表11-2的测试分类来设计你自己的测试，在创建测试用例时要经常对照一下该表。还有，最好对测试用例文档使用版本控制系统，像对待代码那样来管理你的手工测试用例，通过版本控制系统进行备份以及控制变更。为了节约测试时间和降低成本，还需要定期审核当前的测试用例，并及时剔除无效的脚本。

一旦理解掌握了移动应用测试的这些基本知识，你就能够轻松创建出测试计划和测试用例。可以肯定的是，移动开发与测试，就像仓央嘉措的诗《见与不见》所说的那样：

你用，或者不用
移动应用就在那里
大悲大喜

你说，或者不说
移动需求就在那里
南来北去

你做，或者不做
移动开发就在那里
不声不响

你测，或者不测
移动测试就在大家手里
不离不弃

附录A
Appendix A

极限编程示例程序

1. check4Prime.java

编译：

```
&> javac check4Prime.java
```

运行：

```
&> java -cp check4Prime 5
Yippeee... 5 is a prime number!

&> java -cp check4Prime 10
Bummer.... 10 is NOT a prime number!

&> java -cp check4Prime A
Usage: check4Prime x
       -- where 0<=x<=1000
```

源代码：

```
//check4Prime.java
//Imports
import java.lang.*;

public class check4Prime {

  static final int max = 1000;   // Set upper bounds.
  static final int min = 0;      // Set lower bounds.
  static int input =0;           // Initialize input variable.
```

```
   public static void main (String [] args) {

      //Initialize class object to work with
      check4Prime check = new check4Prime();

      try{
      //Check arguments and assign value to input variable
        check.checkArgs(args);

      //Check for Exception and display help
      }catch (Exception e) {
        System.out.println("Usage: check4Prime x");
        System.out.println("       -- where 0<=x<=1000");
  System.exit(1);
}

//Check if input is a prime number
if (check.primeCheck(input))
  System.out.println("Yippeee... " + input + " is a prime number!");
else
  System.out.println("Bummer... " + input + " is NOT a prime number!");

} //End main

//Calculates prime numbers and compares it to the input
public boolean primeCheck (int num) {

  double sqroot = Math.sqrt(max);     // Find square root of n

//Initialize array to hold prime numbers
boolean primeBucket [] = new boolean [max+1];

//Initialize all elements to true, then set non-primes to false
for (int i=2; i<=max; i++) {
  primeBucket[i]=true;
}
//Do all multiples of 2 first
int j=2;
for (int i=j+j; i<=max; i=i+j) {      //start with 2j as 2 is prime
```

```
      primeBucket[i]=false;              //set all multiples to false
    }

    for (j=3; j<=sqroot; j=j+2) {          // do up to sqrt of n
      if (primeBucket[j]==true) {          // only do if j is a prime
        for (int i=j+j; i<=max; i=i+j) {  // start with 2j as j is prime
          primeBucket[i]=false;           // set all multiples to false
        }
      }
    }

    //Check input against prime array
      if (primeBucket[num] == true) {
        return true;
      }else{
        return false;
      }

    }//end primeCheck()

    //Method to validate input
    public void checkArgs(String [] args) throws Exception{
      //Check arguments for correct number of parameters
      if (args.length != 1) {
        throw new Exception();
      }else{
        //Get integer from character
        Integer num = Integer.valueOf(args[0]);
        input = num.intValue();
         //If less than zero
         if (input < 0)          //If less than lower bounds
           throw new Exception();
         else if (input > max)   //If greater than upper bounds
           throw new Exception();
         }
      }

  }//End check4Prime
```

2. check4PrimeTest.java

需要 JUnit API, junit.jar。

编译：

```
&> javac -classpath .:junit.jar check4PrimeTest.java
```

运行：

```
&> java -cp .:junit.jar check4PrimeTest
```

示例：

测试开始……

```
Time: 0.01

OK (7 tests)
```

测试结束……

源代码：

```
//check4PrimeTest.java
//Imports
import junit.framework.*;

public class check4PrimeTest extends TestCase{

  //Initialize a class to work with.
  private check4Prime check4prime = new check4Prime();

  //constructor
  public check4PrimeTest (String name) {
    super(name);
  }

  //Main entry point
  public static void main(String[] args) {
    System.out.println("Starting test...");
    junit.textui.TestRunner.run(suite());
    System.out.println("Test finished...");
```

```
    } // end main()

    //Test case 1
    public void testCheckPrime_true() {
      assertTrue(check4prime.primeCheck(3));
    }

    //Test cases 2,3
    public void testCheckPrime_false() {
      assertFalse(check4prime.primeCheck(0));
      assertFalse(check4prime.primeCheck(1000));
    }
//Test case 7
public void testCheck4Prime_checkArgs_char_input() {
  try {
    String [] args= new String[1];
    args[0]="r";
    check4prime.checkArgs(args);
    fail("Should raise an Exception.");
  } catch (Exception success) {
    //successful test
  }
} //end testCheck4Prime_checkArgs_char_input()

//Test case 5
public void testCheck4Prime_checkArgs_above_upper_bound() {
  try {
    String [] args= new String[1];
    args[0]="10001";
    check4prime.checkArgs(args);
    fail("Should raise an Exception.");
  } catch (Exception success) {
    //successful test
  }
} // end testCheck4Prime_checkArgs_upper_bound()

//Test case 4
public void testCheck4Prime_checkArgs_neg_input() {
  try {
```

```
      String [] args= new String[1];
      args[0]="-1";
      check4prime.checkArgs(args);
      fail("Should raise an Exception.");
    } catch (Exception success) {
      //successful test
    }
  }// end testCheck4Prime_checkArgs_neg_input()

  //Test case 6
  public void testCheck4Prime_checkArgs_2_inputs() {
    try {
      String [] args= new String[2];
      args[0]="5";
      args[1]="99";
      check4prime.checkArgs(args);
      fail("Should raise an Exception.");
    } catch (Exception success) {
      //successful test
    }
  } // end testCheck4Prime_checkArgs_2_inputs

  //Test case 8
  public void testCheck4Prime_checkArgs_0_inputs() {
    try {
      String [] args= new String[0];
      check4prime.checkArgs(args);
      fail("Should raise an Exception.");
    } catch (Exception success) {
      //successful test
    }
  } // end testCheck4Prime_checkArgs_0_inputs

  //JUnit required method.
  public static Test suite() {
    TestSuite suite = new TestSuite(check4PrimeTest.class);
    return suite;
  }//end suite()

} //end check4PrimeTest
```

附录B

Appendix B

小于1000的素数

2	3	5	7	11	13	17	19	23	29
31	37	41	43	47	53	59	61	67	71
73	79	83	89	97	101	103	107	109	113
127	131	137	139	149	151	157	163	167	173
179	181	191	193	197	199	211	223	227	229
233	239	241	251	257	263	269	271	277	281
283	293	307	311	313	317	331	337	347	349
353	359	367	373	379	383	389	397	401	409
419	421	431	433	439	443	449	457	461	463
467	479	487	491	499	503	509	521	523	541
547	557	563	569	571	577	587	593	599	601
607	613	617	619	631	641	643	647	653	659
661	673	677	683	691	701	709	719	727	733
739	743	751	757	761	769	773	787	797	809
811	821	823	827	829	839	853	857	859	863
877	881	883	887	907	911	919	929	937	941
947	953	967	971	977	983	991	997		

推荐阅读

设计模式：可复用面向对象软件的基础

本书是全球软件技术人员的圣经和经典，凝聚了软件开发界几十年的设计经验。四位顶尖的面向对象领域专家尽心挑选了最具价值的23种设计实践，加以分类整理和命名，并用简洁而易于重用的形式表达出来。这23个模式已成为开发界进行技术交流所必备的基本知识和语汇。四位作者由于在设计模式领域的杰出贡献，被广大开发者昵称为GoF (Gang of Four)，本书也因此而被称为GoF Book。

设计原本（精装本）

如果说《人月神话》是近40年来所有软件开发工程师和项目经理们必读的一本书，那么本书将会是未来数十年内从事软件行业的程序员、项目经理和架构师必读的一本书。它是《人月神话》作者、著名计算机科学家、软件工程教父、美国两院院士、图灵奖和IEEE计算机先驱奖得主Brooks在计算机软硬件架构与设计、建筑和组织机构的架构与设计等领域毕生经验的结晶，是计算机图书领域的又一史诗级著作。

领域特定语言

本书是DSL领域的丰碑之作，由世界级软件开发大师和软件开发“教父”Martin Fowler历时多年写作而成。全面详尽地讲解了各种DSL及其构造方式，揭示了与编程语言无关的通用原则和模式，阐释了如何通过DSL有效提高开发人员的生产力以及增进与领域专家的有效沟通，能为开发人员选择和使用DSL提供有效的决策依据和指导方法。

推荐阅读

软件架构：架构模式、特征及实践指南

[美] Mark Richards 等 译者：杨洋 等 书号：978-7-111-68219-6 定价：129.00 元

畅销书《卓有成效的程序员》作者的全新力作，从现代角度，全面系统地阐释软件架构的模式、工具及权衡分析等。

本书全面概述了软件架构的方方面面，涉及架构特征、架构模式、组件识别、图表化和展示架构、演进架构，以及许多其他主题。本书分为三部分。第 1 部分介绍关于组件化、模块化、耦合和度量软件复杂度的基本概念和术语。第 2 部分详细介绍各种架构风格：分层架构风格、管道架构风格、微内核架构风格、基于服务的架构风格、事件驱动的架构风格、基于空间的架构风格、编制驱动的面向服务的架构、微服务架构。第 3 部分介绍成为一个成功的软件架构师所必需的关键技巧和软技能。